国家自然科学基金委员会工程与材料科学部

冶金工程贯通式研究
——从基础研究到工业应用

● ● ● ● 孙宏伟　朱旺喜　主编

科学出版社

北京

内 容 简 介

　　本书由国家自然科学基金委员会工程与材料科学部工程科学一处组织编写，汇集了我国冶金工程领域 14 家单位的 22 项从基础研究至工业化应用的例子和成果，撰稿专家都是活跃在我国冶金工程领域一线，且从事从基础研究到工业应用的杰出专家和学科带头人。全书包括钢铁冶金、有色冶金和资源利用 3 个章节，共 22 个小节。作者从各分支学科拟开展研究领域的国内外现状出发，首先找出研究存在的主要科学问题和技术瓶颈，然后提出解决思路，揭示了如何通过深入研究取得创新性发现和突破性进展，并走向工业应用的过程。作者通过具体案例向读者展示了他们对社会经济发展做出的贡献，并通过他们对各自领域的理解描述了未来的发展方向，对我国冶金工业的青年学者的科研起到了引领和指导作用。

　　本书可供在冶金物理化学、冶金反应工程、冶金技术、粉末冶金、电磁冶金、提炼冶金、湿法冶金、钢铁冶金、有色金属冶金、冶金机械及自动化、轧制等学科领域的科研工程技术人员、研究生、高年级本科生和管理人员参考，尤其适合作为冶金学科专业硕士研究生和博士研究生的前沿课程教材。

图书在版编目（CIP）数据

　　冶金工程贯通式研究：从基础研究到工业应用/ 孙宏伟，朱旺喜主编. —北京：科学出版社，2020.9
　　（国家自然科学基金委员会工程与材料科学部）
　　ISBN 978-7-03-065345-1

　　Ⅰ. ①冶… Ⅱ. ①孙… ②朱… Ⅲ. ①冶金－技术－研究 Ⅳ. ①TF1

中国版本图书馆 CIP 数据核字（2020）第 092684 号

责任编辑：李　雪　韩丹岫/责任校对：王萌萌
责任印制：师艳茹/封面设计：王　洲

科 学 出 版 社 出版
北京东黄城根北街 16 号
邮政编码：100717
http://www.sciencep.com
三河市春园印刷有限公司 印刷
科学出版社发行　各地新华书店经销
*
2020 年 9 月第 一 版　　开本：787×1092 1/16
2020 年 9 月第一次印刷　　印张：19 1/4
字数：456 000
定价：198.00 元
（如有印装质量问题，我社负责调换）

《冶金工程贯通式研究——从基础研究到工业应用》
编委会

主　　任：孙宏伟　朱旺喜

副 主 任：任忠鸣(上海大学，教授)

编写团队：(以章节顺序排序)

薛庆国(北京科技大学，教授)

左海滨(北京科技大学，教授)

李兴彬(北京科技大学，副教授)

王　广(北京科技大学，副教授)

佘雪峰(北京科技大学，副教授)

白晨光(重庆大学，教授)

吕学伟(重庆大学，教授)

游志雄(重庆大学，讲师)

杨明睿(重庆大学，博士生)

陈　林(内蒙古科技大学，教授)

吴章忠(内蒙古科技大学，正高工)

包喜荣(内蒙古科技大学，教授)

岑耀东(内蒙古科技大学，讲师)

王东梅(内蒙古科技大学，讲师)

康永林(北京科技大学，教授)

朱国明(北京科技大学，副教授)

李亚伟(武汉科技大学，教授)

桑绍柏(武汉科技大学，教授)

廖　宁(武汉科技大学，讲师)
任忠鸣(上海大学，教授)
钟云波(上海大学，教授)
雷作胜(上海大学，教授)
王　江(上海大学，教授)
任慧平(内蒙古科技大学，教授)
金自力(内蒙古科技大学，教授)
计云萍(内蒙古科技大学，教授)
吴忠旺(内蒙古科技大学，高工)
朱　荣(北京科技大学，教授)
魏光升(北京科技大学，讲师)
朱苗勇(东北大学，教授)
祭　程(东北大学，教授)
蔡兆镇(东北大学，副教授)
薛向欣(东北大学，教授)
程功金(东北大学，讲师)
郭景杰(哈尔滨工业大学，教授)
陈瑞润(哈尔滨工业大学，教授)
苏彦庆(哈尔滨工业大学，教授)
李廷举(大连理工大学，教授)
王同敏(大连理工大学，教授)
曲选辉(北京科技大学，教授)
秦明礼(北京科技大学，教授)
章　林(北京科技大学，教授)
吴昊阳(北京科技大学，讲师)
孙宝德(上海交通大学，教授)
疏　达(上海交通大学，研究员)
谢建新(北京科技大学，教授)

前　　言

　　冶金工程作为一门重要的工具性学科，其特点是从矿石等资源中提取金属或化合物，并制成具有良好的使用性能和经济价值的产品。与此同时，冶金工程是国民经济建设的基础，是国家实力和工业发展水平的标志，它为机械、能源、化工、交通、建筑、航空航天工业、国防军工等各行各业提供所需的材料产品。现代工业、农业、国防及科技的发展对冶金工业不断提出新的要求并推动着冶金学科和工程技术的发展，反过来，冶金工程的发展又不断为人类文明进步提供新的物质基础。

　　按照教育部的划分，冶金工程学科分为 3 个二级学科，即冶金物理化学、钢铁冶金和有色金属冶金。对于相关专业人员来说，冶金物理化学是冶金工程的应用理论基础，钢铁冶金与有色金属冶金是具体的应用方向。然而，冶金工程是一门典型的交叉科学，对于现代冶金工程来说，研究人员和学生只掌握冶金物理化学等基础知识是不够的。近年来，冶金工程领域与材料工程、环境工程、矿业工程、控制工程、计算机技术等工程领域及物理、化学、工程热物理等基础学科密切联系，相互促进，共同发展。解决从实验室的基础研究到工业化应用整个过程的关键科学问题，提供先进的工业化技术和各种功能化产品以满足高新技术产业的发展和提高人民生活质量，并最大限度实现节能减排。

　　我国冶金工程学科的发展不仅时刻瞄准本学科的国际前沿，而且紧密围绕国家科学发展中长期规划和重大需求，不断创新和进取。随着我国传统冶金工业结构的调整，以及材料、纳米、信息、机械等学科高新技术的迅速发展，我国冶金工程学科的基础研究取得了巨大的进步和发展。与此同时，冶金工程领域的研究队伍也在不断壮大，研究水平在快速提高，研究思路在不断拓展和创新，成功实现工业化的案例也越来越多。随着冶金工程学科的不断发展，以及与相关学科的交叉融合，新的冶金物理化学学科包括了冶金热力学与热化学、冶金动力学与过程强化、冶金熔体、冶金电化学基础理论及电化学工程、有色金属二次资源化学、材料物理化学与新能源材料、纳米材料制备物理化学、资源与环境的物理化学、绿色冶金与材料制备的物理化学、冶金非线性理论、外场作用的冶金物理化学、生物冶金物理化学、冶金物理化学研究的新方法、新测试技术和新仪器等。这是冶金工程体系自我完善和变革的需求，也是国家基础工业科学技术产业发展的需求。

　　同时，作为我国国民经济建设的支柱产业，冶金工业也是环境重要的污染源。为了促进冶金工业的绿色健康发展以及环境保护事业的进步，如何最大限度地实现"节能、降耗和减排"就成了冶金工业的主要目标之一。在工艺技术上要重点研发钢铁工业节能、环保、清洁生产技术的系统解决方案，并以一些薄弱环节为重点，加强研发。要研究烧结烟气综合治理、焦炉煤气合理利用技术、焦化水的系统处理以及减少 CO_2 排放的低碳冶炼和短流程工艺技术，在产业链延伸和管理上要加强对产品全生命周期的评价和全方位的管理，把设计、采购、运输、生产、营销和产品回收利用有机地结合起来，尽量减少对环境的影响，以符合绿色化的发展方向。冶金工程学科作为国家支柱产业和重要基础学科，其重要的战略地位决定了在实现上述规划目标中所起的关键作用，我国经济社会的高速发展也为我国冶金工程学科提供了广阔的发展空间。

经过几十年的努力，我国冶金工程学科已初步形成了从基础研究到工业化应用的一套比较完善的科技创新体系。我国已经先后批准建立了十余个冶金工程专业的一级学科博士点，形成了规模较大的冶金工程高等教育体系，批准建立 5 个国家重点实验室，覆盖钢铁冶金新技术、粉末冶金、耐火材料、特殊钢冶金与制备、先进钢铁流程等多个领域。为了将冶金工程学科近二十年来从基础研究到工业化应用的成果奉献给我国冶金领域的研究工作者、教学人员，尤其是从事基础研究的青年学者，帮助他们更好地凝练化学工程学科近年来的核心科学问题，学习我国杰出冶金工作者如何从本学科拟展开研究领域的国内外现状出发，找出存在的主要科学问题和技术瓶颈，提出解决思路，以及如何通过深入的研究，取得创新性发现和突破性进展并走向工业应用的科学探究方法，国家自然科学基金委员会工程与材料科学部工程科学一处邀请我国活跃在我国冶金领域一线，且从事从基础研究到工业应用的杰出专家和学科带头人撰写他们的研究思路和成果。通过严格筛选，选取了其中 3 个领域的 22 个典型成果，编纂成这部反映我国冶金工程领域前沿和交叉领域最新进展的著作——《冶金工程贯通式研究——从基础研究到工业应用》。本书对从事冶金工程领域基础研究及工业应用的学者，特别是青年科学家和广大博士、硕士研究生来说，具有很高的学术价值和参考价值。毫无疑问，本书也是国家自然科学基金委员会、科学技术部和教育部等国家及省部级支持的冶金工程基础研究和产业化应用所取得贯通式研究成果的缩影，比较全面地反映了我国冶金工程学科的学者在面向国家重大需求时，立足学科前沿及发展趋势展开的深入研究以及技术开发中所取得的学术成果和工业化成就。

本书共 4 章，第 1 章为绪论，重点介绍了冶金工程的学科演化、在国民经济中所处的重要地位、国内外研究现状和发展趋势、我国钢铁冶金及有色冶金工业的发展趋势等。第 2～第 4 章分别介绍了钢铁冶金、有色冶金和资源利用 3 个方向。本书得到了国家自然科学基金委员会的支持和帮助，在此表示感谢。由于笔者水平有限，书中表达不当之处，敬请读者给予批评和指正。

孙宏伟

2019 年 12 月 8 日

目　　录

第 1 章
绪论

1.1 冶金工程学科及冶金工业　◀◀◀

1.1.1 冶金工程学科演进

冶金技术的进步是与人类文明紧密联系的。在新石器时代后期，人类开始使用金属。人类在寻找石器的过程中认识了矿石，并在烧制陶器的生产中创造了冶金技术。人类最迟于公元前 5 世纪掌握了冶铜技术，公元前 14 世纪发明了人工冶铁技术，18～19 世纪，大量金属元素被不断发现。鼓风技术的进步、以煤为燃料炼铁技术的实现以及电能在冶金中的成功应用，奠定了现代冶金技术的基础。随着冶金技术的发展，早期的人们在总结各种冶金经验的基础上，写成了许多重要著作。公元 8～10 世纪，一批炼金术著作相继问世。10 世纪著成的《诸艺之美文》成为欧洲和阿拉伯地区的冶金技术手册。10～13 世纪中国宋代的《梦溪笔谈》记载了各种矿物和冶金技术。16 世纪初的《铁冶志》，详细记载了中国遵化铁厂生产技术状况。1510 年，德国正式出版《采矿手册》和《试金手册》。1540 年，意大利出版了最早关于冶金术的综合手册《火法技艺》。1556 年，《论冶金》在德国出版，影响西方采矿冶金业达 200 多年。1637 年，中国的《天工开物》出版，系统记载了采矿、冶炼、铸造、加工等完备的冶金生产技术。

20 世纪初，大规模的冶金工业化生产已经形成，为理论认识提供了必要的实践经验和紧迫要求。同时，相关科学理论的发展为冶金工程问题的理解和定量描述提供了可能，至此冶金工程学科的出现已成为历史的必然。20 世纪 20 年代，Schenck、Chipman 等学者发展和应用活度概念，把化学热力学引入冶金领域，开始用热力学方法研究冶金反应，至此冶金开始从技艺走向科学。当代科学技术中如当代数学的成就，计算机技术的出现、发展和普及，材料科学的长足进步等都极大地推动了冶金工程学科的进步和发展。

冶金工程学科是研究从矿石中提取有价金属或其化合物，并将其加工成具有良好使用性能材料的工程性学科。冶金反应热力学借助化学热力学原理来讨论冶金过程，能明确冶金反应的方向和极限，并在一定程度上指导冶金工艺。但其不考虑物质微观结构，不涉及过程速率和机理，更无法预测实际产量。冶金反应动力学基于化学反应动力学理论，研究化学反应的微观机理、步骤和速度，主要涉及均相反应。由于冶金过程难以遇到纯粹的化学反应，单独应用较少，后发展形成宏观动力学和冶金反应工程学。宏观反应动力学主要考察传质、流动情况下的化学反应速度及机理。1957 年在阿姆斯特丹召开的第一届欧洲化学反应工程会议，促进了化学反应工程迅速发展，形成了"三传一反"为核心的学科内容。化学反应工程的原理和方法应用于冶金工程问题，就形成了冶金反应工程学，它在各类传递过程和冶金反应规律研究的基础上，以反应器和系统操作规律的解析为核心，实现反应器和系统的优化操作、优化设计和放大。如今，冶金工业大规模发展面临新的问题，资源、能源、环保压力巨大，为了获得高效发展、降低资源/能源消耗并实现环境友好，还需要科学解析冶金生产过程的物质流与能量流，并实现各反应器/工序与装置的有效衔接与配合，由此形成冶金流程工程学与大系统优化问题。冶金工程学科在发展过程中不断与其他新兴学科交叉融合，如信息技术、工程数学的最新成果均为冶金学科的发展注入了新的活力，扩大了冶金技术的研究领域。

鉴于研究问题所处的尺度不同、研究对象不同，冶金学科不断延伸、拓展、分化形成以下几个学科分支。

(1)冶金物理化学：研究冶金过程分子、原子尺度上微观反应的基础科学问题。

(2)冶金反应工程学：研究冶金过程工序、装备等大尺度上的单元工序级的技术科学问题。

(3)钢铁冶金学：研究金属铁的提取、净化、合金化及凝固成型过程中的技术科学问题，最终获得性能合格的产品。

(4)有色金属冶金学：研究有色金属的提取、净化、合金化、加工成型及循环过程中的技术科学问题，最终获得性能合格的产品。

(5)冶金资源、能源与环境：研究冶金过程资源、能源在产业尺度上的社会级的可持续发展、环境友好等大系统优化与协调发展问题。

(6)冶金智能制造：研究冶金生产由自动化、数字化向智能化转变过程中涉及的大数据、人工智能、物联网、仿真等新技术，最终实现生产制造全过程的智能融合。

1.1.2 冶金工业在国民经济中的重要地位

冶金行业是支撑我国现代化建设和社会发展的重要行业。钢铁材料具有生产规模大、易于加工、性能多样可靠、价格低廉、使用方便和便于回收等特点。这些特点决定了钢铁材料是人民生活和工业生产中广泛使用的基础材料，也是国防工业必需的基本材料。有色金属产量虽然不及钢铁，但因具有特殊性能，是国民经济和国家安全的基础材料，是国防军工、航天航空、核工业、电子、机电、医药、农业等领域不可缺少的重要材料，是关系国家安全的战略物资以及高新功能材料的重要原料。经过几十年的发展，我国冶金工业取得了巨大的成就，从建国初期的 15.8 万 t 年产量到 1996 年后超 1 亿 t 的年产量，并位列世界第一，我国已成为名副其实的冶金大国。2017 年的粗钢产量已超过 8 亿 t，约占世界粗钢产量的一半；铝、铜、锌、铅等十余种有色金属产量世界第一，稀土产量和消耗量世界第一。作为基础支柱工业，冶金工业对我国国民经济发展和国家安全保障具有十分重要的战略意义。行业的发展和技术进步离不开冶金工程学科的支持和进一步发展[1]。

1.2 冶金工程学科国内外发展的现状和趋势 ◄◄◄

1.2.1 冶金工程学科国内外发展现状

冶金工程学科具有鲜明的行业背景,其诞生之初即具有突出的应用性特征。冶金工业的快速发展促进了冶金工程学科不断丰富和完善。冶金行业面临的新问题和挑战,为冶金工程学科的发展提供了动力。学科交叉是冶金工程学科的另一重要特点。现代物理、化学等学科理论和方法在冶金中的应用,特别是物理化学原理与冶金工艺结合产生的冶金物理化学学科,奠定了冶金从技艺走向科学的基础。现代工程技术的新成就和其他相关学科新的理论在冶金工程学科中的应用和交叉,同样对学科的发展发挥了巨大作用,不断扩展了学科的分支和方向,充实和丰富了学科的内涵。根据 2018 年软科世界一流学科排名数据,冶金工程学科世界排名前 100 的大学中,欧洲 26 所,北美地区 22 所(以美国为主),中国大陆 19 所,日本、澳大利亚、韩国也有一些冶金院校,但是总体数量较少。由此可见,作为工业革命发源地的欧洲和美国,其冶金学科的实力仍较强。

当前,我国已成为世界冶金生产和消费的中心。我国冶金学科的水平在过去十五年取得了快速发展。目前,全国设立冶金工程学科的高校有 47 所。另外,北京钢铁研究总院、北京有色金属研究总院、矿冶科技集团有限公司(原北京矿冶研究总院)、中国科学院过程工程研究所等也招收和培养冶金工程学科的研究生,并开展了高水平的科学研究。我国每年获得冶金工程硕士、博士学位人数超两千人,在校本科生近万人。高校、研究院所、企业共建有冶金工程学科的国家重点实验室、冶金工程研究中心二十余个,省部级研究基地十余个。2012 年和 2014 年成立的"有色金属先进结构材料与制造协同创新中心"和"钢铁共性技术协同创新中心",成为国内冶金关键共性技术、高端产品研发的重要基地和成果转化平台,以及聚集一流人才和培养创新人才的重要基地。对国际上声望最高的三大钢铁冶金期刊:*Metallurgical and Materials Transactions B*、*ISIJ International* 和 *Steel Research International* 上发表文章的统计和分析表明,中国已经成为冶金研究领域最重要的国家。2000~2014 年三大期刊论文总数 6661 篇,中国学者发表论文 973 篇,居第二位。2014 年以后,中国学者在论文数量上超越日本成为发表高水平论文最多的国家,占全年总文章的 30%,反映了国内冶金学科在国际学术界的学术地位得到显著提升。

1.2.2 冶金工程学科基础研究的现状

1. 冶金物理化学

冶金物理化学学科的诞生是以 1925 年法拉第学会在英国召开的第一届炼钢物理化学会议为标志。此后,许多学者相继发表了开拓性的冶金物理化学学术论文,1932~

1934 年德国学者 Schenck 出版了 *Introduction to the Physical Chemistry of Steelmaking*。这是冶金过程物理化学领域第一本专著，标志着冶金物理化学形成了一门独立学科分支。我国从 1950 年起，由魏寿昆、邹元曦、陈新民等老一代科学家创立了冶金物理化学学科，魏寿昆先生出版的《活度在冶金物理化学中的应用》(1964 年)和《冶金过程热力学》(1980 年)两本专著，对我国冶金物理化学学科的发展起了重要的推动作用。20 世纪 70 年代固体电解质技术在冶金中的应用和发展，是冶金工程学科发展中一次里程碑式的事件，极大地促进了冶金物理化学学科的发展。金属氧化物氧化还原过程中的氧势递增原理，选择性氧化还原理论和应用，新一代几何模型应用于多元体系热力学性质的计算，使我国冶金物理化学学科的研究水平快速赶上世界先进水平。经过 90 年的发展，冶金物理化学学科的研究已经发生深刻的转变：从宏观到微观、从间接到实时原位、从唯象到本质，为现代冶金和材料制备的发展提供理论支撑[1]。

2. 冶金反应工程学

20 世纪 60～70 年代，钢铁工业开始普及氧气转炉炼钢、钢包精炼和连铸技术，冶金反应热力学及微观动力学理论无法指导这类新工艺中生产效率的提升。国际冶金学科的研究开始从平衡实验转向了流动、混合、搅拌等反应器内动力行为的研究，并把冶金熔池中的速率与传输现象、单元操作的优化以及反应器的设计等综合起来，形成了冶金动力学研究的一个新领域。日本名古屋大学鞭岩教授在 1972 年出版专著《冶金反应工学》，标志着冶金反应工程学学科分支的正式形成。同一时期，欧美学者也开始将传输理论、宏观反应动力学及反应工程学的研究方法应用于冶金反应器内部现象的解析。20 世纪 80 年代中国金属学会批准成立冶金反应工程学术委员会。多年来，以反应器优化设计/高效操作及过程强化单元技术开发为核心的冶金反应工程学研究渗透于冶金生产过程的方方面面，极大地促进了冶金工艺技术的进步。同时，以过程强化为目的的各种单元操作技术如真空、喷吹、搅拌、加热、合金化等不断融入并整合到炼钢及炉外精炼工序中，使生产过程及产品质量控制水平大大提升。特别是随着冶金工艺学、冶金物理化学、传输理论和实验技术、系统工程和控制技术、计算机科学等相关学科的迅速发展和相互融合，冶金反应工程学的理论和方法日趋完善，研究领域进一步拓宽[1]。

3. 钢铁冶金学

近百年来，世界钢铁工业，尤其是我国钢铁工业飞速发展，这无疑得益于学科基础理论的发展和提升。钢铁材料的高强度、耐腐蚀、耐热、功能化等要求冶炼过程对杂质含量进行严格控制，对钢中有益元素和合金含量的控制要求也越来越严格。基础冶金热力学数据，包括金属熔体及熔渣物性数据的不断积累和完善，冶金热力学数据库和计算软件的广泛应用，有效地指导了冶金工艺操作。传统的钢铁生产流程已按照冶金反应过程中热力学条件的优劣逐步进行功能分解、优化组合，相应开发出高效环保炼焦、超厚料层低温烧结、高炉富氧喷煤、铁水预处理、真空处理、钢包精炼、连铸连轧等有效提升产品质量并降低消耗的工艺/工序装置。同时，对冶金反应过程传质传热和反应动力学的认识也逐步加深，数学模型结构不断完善，这些研究极大地促进了钢铁冶金学科的发展。原燃料准备技术的进步，不仅促进了资源高效利用和节能减排，而且有效提升了烧结矿、焦炭等冶金性能，为铁水的高效冶炼提供了物质基础；而高炉内煤气流分布的有效调控则进一步改善了还原和热传递效率，吨铁燃料比大幅度降低。此外，现在的二次精炼不仅能够对钢的化学成分进行严格控制，而且可以去除钢中大部分有害夹杂物。20世纪 80 年代开始研究的氧化物冶金技术已经能够利用钢中细小的高熔点夹杂物抑制高温下钢的奥氏体晶粒长大，促进奥氏体-铁素体转变，改善钢材力学性能和焊接性能[1]。

4. 有色金属冶金学

有色金属冶金围绕多种有色金属元素的提取与精炼展开，根据元素的性质不同，开发形成了多种冶炼工艺，相应的基础理论也获得了不断发展和提升。铜、汞、锡、铅等是人类最早由火法冶炼而获得的金属，后来采取金属热还原法来生产钛、锆、铪等金属。现代有色金属火法熔炼方法大致分为闪速熔炼系统和熔池熔炼系统两类。1887 年生产氧化铝的拜尔法开创了有色金属湿法冶金的先河。1945 年比利时人 Pourbaix 创立的金属-水系电位-pH 图，奠定了有色金属浸出、精炼的湿法冶金热力学基础。20 世纪 60 年代，国内开展溶液热力学研究，建立了无机热力学数据库，为湿法冶金的发展奠定了理论基础。电化学的基本原理与冶金工艺相结合形成了电化学冶金学科分支，涉及大多数有色金属材料的水溶液电解和熔融盐电解。通过施加非常规外场(如电磁、微波、瞬变温度场或超重力)对冶金过程予以影响，是 20 世纪后半叶有色金属冶金的一个重要方向。细菌浸出是生物技术应用于有色金属冶金的重要标志。次生硫化铜矿细菌浸出和难处理金矿生物预氧化已进行大规模的工业化生产。冶金与材料制备过程相结合制备金属及合金形成有色金属冶金学科另一个重要方向，实现了冶金与材料制备一体化的目标[1]。

5. 冶金资源、能源与环境

随着矿业开采、加工与利用规模的不断扩大，世界各国都不同程度地面临着资源与能源短缺以及环境恶化的问题。因此，自 20 世纪 90 年代以来，世界各国都十分重视低品位矿和多金属复杂矿等金属资源中有价金属的高效提取与综合利用问题。美国、日本和欧洲发达国家将资源加工的高效－清洁生产技术研发列入国家战略性高技术发展重要日程，普遍加强了低品位矿、多金属复杂矿、冶金固废等资源高效提取与综合利用的基础理论研究与应用。在冶金工业能耗方面经历了一个由浅入深，由局部到整体的进化过程，从开始的单体节能，到流程优化节能，再到余热余能利用及系统节能与能量流网络优化和建立工业生态链等几个阶段，这些研究极大地改善了冶金工业的用能状况。但冶金工业固有的能源结构导致目前的环境问题严重制约了冶金工业的持续发展。冶金资源、能源与环境学科随着冶金产业的发展，不断与其他学科交叉融合，综合运用资源与材料、能源、环境、生化过程与计算机信息学等多学科知识，研究物质转化过程绿色化的综合性科学与工程，探讨冶金工业提高资源利用效率、优化用能及实现污染物减量化的有效措施与途径[1]。

6. 冶金智能制造

智能制造是一种由智能机器和人类专家共同组成的人机一体化智能系统，在制造过程中能进行智能活动，诸如分析、推理、判断、构思和决策等。它把制造自动化的概念更新，扩展到柔性化、智能化和高度集成化。工业革命的到来为自动化的发展带来了巨大的动力，此后一百多年中，特别是 1934~1947 年十几年的研究，最终提出了自动化的理论基础著作——《控制论》，标志着自动化技术的正式诞生。冶金工艺数学模型的发展，为冶金过程自动控制奠定了基础。此后，随着计算机技术、物联网技术、人工智能技术、大数据以及仿真等新型技术的出现，冶金自动控制从常规模拟式自动控制系统向分布式控制系统、现场总线控制系统发展，逐步实现了从离线计算分析到在线过程指导、到多目标管理再到人工智能控制的快速发展。模糊控制、最优控制、自适应控制、鲁棒控制、线性及非线性控制、PID 控制、预测控制、故障诊断、人工智能、专家系统、推理控制等前沿控制技术被广泛研究和利用，涌现出烧结专家系统、高炉专家系统、自动炼钢系统、轧制自动化系统等一批实用性的过程控制和诊断系统，由于冶金生产过程的复杂性、不确定性和滞后性等特点，这些系统在使用过程中仍不同程度地存在可推广性、实用性、开放性以及不能闭环等方面的问题。随着智能制造在世界范围内兴起，未来钢铁生产也必将走向智能化，新型传感技术、模块化、嵌入式控制系统设计、先进控制与优化技术、系统协同技术、故障诊断与健康维护技术、高可靠实时通信技术、功能安全技术、特种工艺与精密制造技术以及识别技术等将成为研究的重要支撑。

1.2.3 冶金工程学科研究的前沿领域

冶金工程学科长期以来以应用和需求为导向，从问题入手，研究和发现规律，提出解决问题的理论和方法。这是学科的特色，对学科的发展也起到了重要作用。中国冶金工程学科在不断跟随、追赶国外冶金学科发展中得到长足的发展。我国已经是冶金大国，需要承担起行业以及学科发展更大的责任，在由"冶金大国"向"冶金强国"的转变中，冶金工程学科应该走在前面。学科的发展需要发挥技术引领作用，特别是面对新的问题，更需要强调这一点。根据国内外发展趋势和国内现状，我国冶金工程学科应加强如下领域和方向的研究。

1. 低品位、难处理、共伴生资源高效利用

我国冶金工业快速发展，需要消耗大量的原材料。然而我国金属矿大多是贫、杂、细，多种有价元素共生，结构复杂，分离和提取困难，且资源利用率偏低，如钒钛铁矿、稀土矿(铁-稀土-铌)、高铁铝土矿、高磷铁矿、硼镁铁矿、铜镍矿、难处理金矿、各类冶金渣等。目前，我国铁矿石 80%以上依赖进口，铜、铅、锌、锑、钼、金等几种主要有色金属储量的保证年限只在 10 年左右，铜、铝的原料从国外进口的比例也已超过 60%。目前尚未形成高效利用低品位、难处理、共伴生资源的绿色冶金技术。因此需开展如下研究：

（1）复杂资源有价组分生态化分离、提取、利用的理论与方法；

（2）开展真空冶金、微波冶金、超声波冶金、离子液体冶金、超重力等非常规冶金新工艺、新技术研发；

（3）冶金二次资源综合利用的理论与技术；

（4）采用在线、原位试验和测试技术，结合定量结构分析的理论和技术，揭示冶金过程物相结构演变规律。

2. 低碳绿色冶金

冶金工业是高耗能和重污染行业，不解决高能耗和重污染问题，冶金行业就无法获得可持续性发展。据统计，冶金工业的能耗占整个工业能耗的 30.4%（其中钢铁冶金占 16.0%，有色金属冶金占 14.4%），约占全国能源消耗的 22.8%，CO_2 气体排放与能耗基本一致。冶金工业流程长，生产过程污染物排放节点多，烟气量大、成分复杂（含有 SO_2、NO_x、CO_x、二噁英、Hg 等多种污染物）。同时冶金工业年产生固体废弃物约 4.1 亿 t，且大部分未得到有效利用，除高炉渣外的固废利用率不足 20%。因此为实现冶金工业的可持续发展，需开展如下研究：

（1）低碳冶金理论与新工艺；

（2）中低温余热高效利用技术及装备、节能新工艺关键技术；

（3）清洁能源在冶金生产中规模化应用理论与技术；

（4）物质流和能量流耦合优化及动态运行机制；

（5）冶金过程污染物的形成、输送及控制；

（6）冶炼污染场地治理与修复。

3. 高品质金属材料制备与材料加工

我国冶金行业正面临从量变到质变的巨大挑战，品种与质量的提升将是未来一段时间的重要战略任务。我国金属材料生产能力世界第一，部分产品已占据国际主要市场，但是有些关键高品质金属材料的制备尚待突破，例如航空主轴轴承、高铁轴承等用高品质轴承钢，大尺寸热作金属模具用高合金含量模具钢的大铸锭成型，高速钢的高效（连铸）成型，航空用铝合金的开发与制备，超高纯金属靶的大规模工程制备等，这些材料仍主要依赖进口。近年来，我国已经开始相关研究，但还未能支撑上述金属材料的自给问题，亟待理论和基础研究的支撑。相关研究包括：

（1）高品质金属材料的热力学基础、冶金理论和凝固控制基础；

（2）金属材料中各类夹杂物、元素对其组织形成、服役性能的影响规律及其分离、调控与去除；

（3）特种钢制备的高效特种冶金基础及关键工艺装备研发；

（4）铸轧一体化过程的变形行为与凝固组织演变及控制研究；

（5）高纯超高纯金属与材料制备。

4. 冶金过程数字化解析、智能化控制及其装备

随着现代科技的进步与发展，传统冶金行业得到了长足的发展，其中冶金自动化技术是冶金行业生产与发展的重要技术手段，在冶金生产过程中起着举足轻重的作用。在现今智能科技的蓬勃发展和环保要求日益严格的背景下，冶金自动化技术的智能发展越来越受到广泛的关注。以智能计算与认知为核心理论基础，开展工业物联网与智能通信、智能控制与机器人等基础共性问题与关键技术问题攻关，进一步研究人工智能在冶金智能制造领域的技术应用问题。

(1) 智能制造体系架构设计与优化。

(2) 冶金流程成分、温度、压力、凝固组织在线检测与过程控制技术。

(3) 高温冶金过程数字化解析、智能化控制及其装备。

(4) 冶金大数据和互联网+技术。

1.3 世界冶金工业发展现状及趋势 ◄◄◄

1.3.1 世界钢铁工业的现状和趋势

1. 世界钢铁工业发展历程

19 世纪以来，世界钢铁工业重心经历了三次大转移的历程：英国是最早的世界钢铁重心；其后美国、德国在 19 世纪、20 世纪之交拿起了接力棒；第二次转移是第二次世界大战后的苏联、日本；20 世纪末期，中国成功赶超其他国家，成了新的世界钢铁工业重心[2-4]。

第二次世界大战后，世界钢铁工业快速发展，大体分为四个阶段[2,5]。第一阶段是从二战后到 20 世纪 70 年代初，以世界大国为主导，期间连铸机的发明使钢铁产业出现了一个长周期的快速增长。1950 年全球粗钢产量约 1.9 亿 t，至 1974 年，粗钢产量增长到 7.04 亿 t，在 24 年内产量增长了 3.7 倍。第二阶段从 20 世纪 70 年代初到 20 世纪末，受两次石油危机、苏联解体等因素影响，世界钢铁发展处于平台期。在这一时期，世界粗钢产量从 1974 年的 7.04 亿 t，呈波动态势，反复增长、下降，发展到 1998 年的 7.77 亿 t。第三阶段从世纪之交至 2014 年，中国钢铁生产和消费的高速发展带动了世界钢铁的新一轮发展，中国增量占全部增量的 85%。第四阶段从 2014 年后直到目前钢铁工业呈现为新一轮的平台期，将迎来一个相对漫长的调整过程。

2. 世界钢铁工业现状

目前世界钢铁工业强国主要分布在亚洲、欧洲和北美洲三大区域[2,6]。亚洲以中国、日本和韩国为代表，欧洲主要以德国、奥地利和瑞典为代表，北美洲主要以美国为代表。

2017 年世界钢产量达到 16.92 亿 t，中国产量达到 8.31 亿 t，占比 49.11%；日本和韩国的产量分别为 1.05 亿 t 和 0.72 亿 t，分别占比 6.21% 和 4.25%；欧洲地区的产量为 3.13 亿 t，占比 18.50%；美国的产量为 0.816 亿 t，占比 4.82%。中国主要以长流程(高炉-转炉)为主，电炉钢占总产能的 8% 左右；日本和韩国的电炉钢占比分别为 30.4% 和 22.9%；欧洲电炉钢占比为 39.4%；而美国电炉钢占比高达 62%。

世界钢铁工业的技术进步在大型钢铁联合企业中得到集中体现[2,7]。以安赛乐米塔尔、中国宝武集团、河钢集团、新日铁住金、浦项制铁集团和奥钢联等为代表的先进企业在全球高端钢材市场份额约为 80%，主要集中在汽车板、船板和能源相关行业用钢。安赛乐米塔尔公司是世界上产量最大、国际化程度最高的钢铁公司，其优势产品涉及板材、长材、棒线、结构型钢等；新日铁公司具有较强的研发能力，在超深冲高屈服强度钢板方面，获得的汽车外板强度已达到 590MPa，结构部件达到 980MPa；中国宝武集团在汽车板、石油管线钢和硅钢等方面获得世界认可，体现了宝武集团卓越的国际竞争力；奥钢联新建的特钢厂采用世界最先进的技术，通过全集成数字工艺技术实现"工业 4.0"，在轨道交通、航空航天、汽车等用钢领域均有世界级竞争力。

随着技术的进步，目前世界钢铁产量已经趋于平稳，钢铁产品质量和生产过程中的节能环保成为钢铁工业的主要焦点[2,8]。如美、欧、日等国家先后宣布，未来钢铁工业的技术发展目标为高效、环保技术，研究的重点应放在对流程的改进和开发上，从而能处理钢铁工业中的焦点问题，例如资源、能源、环保和废弃物回收，以及为满足客户的需要而进行的产品开发与应用技术研究。其中，欧盟投入巨资开展的低碳技术研究，内容包括提高能源使用效率、增加可再生能源所占比例、低碳发电、温室气体减排技术等，并结合钢铁工业实际实施了超低二氧化碳排放炼钢项目(ULCOS)；日本实施了环境和谐型炼铁工艺技术项目(COURSE50)，主要开展减少高炉二氧化碳排放量和从高炉煤气中分离、回收二氧化碳技术的开发；美国主要通过提高能源效率实现二氧化碳减排，正在进行的研究包括利用熔融氧化物电解(MOE)方式分离铁，利用氢或其他燃料炼铁等。

3. 世界钢铁工业发展趋势

短期内钢铁工业在世界经济中举足轻重的地位不会改变。发达国家、地区钢材消费相对稳定，中国钢材消费波动缓降，南亚、东南亚、非洲等区域的部分国家在工业化、城镇化作用带动下，会出现一定幅度的增长。未来世界钢铁生产可能由经济发达地区向次发达地区和潜在经济发达地区转移；向资源丰富、成本低廉和需求潜力较大的国家转移。此外世界钢铁原料分布不均匀，优质原料集中在少数国家，如澳大利亚和巴西等，而诸如中国、日本、韩国对铁矿石的对外依存度均超过 60%，迫使世界钢铁生产商们纷纷投资铁矿石行业，以确保原料的稳定供应，客观上提高了世界钢铁工业的国际化水平，向上延长了钢铁公司的产业链。与此同时，未来的钢铁工业会积极对接下游用户，参与产品应用领域的研发，逐步实现从产品制造商向产品服务商转变，提供全生命周期的产品服务。

未来世界钢铁工业技术创新主要领域依然是环境保护、降低能耗、二次能源综合利用、低品质资源利用、固废回收与综合利用、温室气体减排、烟粉尘治理、新产品开发等方面[8,9]。典型创新技术有 SCOPE21 炼焦技术、烧结废气干法净化工艺(MEROS)、高炉智能化操作技术、废渣利用技术、废水处理技术、非高炉炼铁技术研发与应用、长材和带钢的无头轧制技术、汽车用高强度板、石油天然气输送用高钢级管线钢等。与此同时，智能制造应用于钢铁工业为钢铁工业的发展带来新的历史机遇，诸如人工智能、大数据与云服务等技术在钢铁工业领域的充分结合，形成各种工序单元间数据采集、数据分析、模型工具等关键技术，达到生产工艺优化、流程控制精准和节能降耗等目标。

1.3.2 世界有色工业的现状和趋势

1. 世界有色金属工业发展历程

20 世纪 50～80 年代，有色金属在世界金属总产量中仅占 5%，但其产值几乎与钢铁相当，工业发展十分迅速。1900 年，世界铜、铝、铅、锌四种金属总产量仅为 186.6 万 t，到 1980 年，四种有色金属的总产量增至 3696 万 t。二战结束后至 2002 年以前，世界有色金属工业以美国为中心。中国实行改革开放后，有色金属工业得到迅猛发展，2002 年，中国铜、铝、铅、锌、镍、锡、锑、镁、海绵钛、汞 10 种有色金属总产量达到 1012 万 t，首次超越美国成为世界有色金属第一生产大国，此后一直保持世界领先，2017 年，中国 10 种有色金属总产量 5378 万 t，连续 16 年位居世界第一。目前，中国已取代美国成为世界有色金属工业中心。

2. 世界有色金属工业现状

新一轮科技革命和产业变革蓄势待发，新的生产方式、产业形态、商业模式和经济增长点正在形成，有色金属行业仍将继续保持增长态势。

铜熔炼技术经过几十年的科技进步和快速发展，已逐步趋于成熟，但吹炼技术发展相对滞后。目前世界上约有 85%的冰铜仍采用转炉吹炼，因转炉间断操作，存在环保条件差的缺陷，国内外正在研究开发连续吹炼工艺取代 PS(Peirce-Smith)转炉，如闪速吹炼、Ausmelt 顶吹浸没吹炼、诺兰达吹炼、三菱吹炼和底吹吹炼法等。

湿法炼锌技术在全球金属锌总产量中占据了 85%以上的比例，随着热酸浸出-黄钾铁矾法、针铁矿法、赤铁矿等技术的逐步应用，锌回收率大幅提高，达到 96%以上。近 30 年来，加压湿法冶金技术在加拿大、哈萨克斯坦、中国等得到快速发展。硫化锌精矿氧压浸出技术的工业应用，实现了真正意义上的湿法炼锌，目前锌冶金技术发展主要集中于复杂难处理锌矿资源的高效利用、伴生有价金属的综合回收和节能减排等方面。

铅冶金方面，随着德国研发的 QSL(Queneau-Schuhmann-Lurgi)法、澳大利亚研发的氧气顶吹浸没熔炼法、瑞典研发的卡尔多法、苏联研发的基夫赛特法和中国研发的水口山法等直接炼铅技术的应用，大幅提高了铅冶炼的技术水平。全球锡冶炼大多采用"锡精矿还原熔炼-粗锡火法精炼-焊锡真空蒸馏-锡炉渣烟化处理"工艺，使用的还原熔炼设备主要为澳斯麦特炉，少数采用"电炉还原熔炼-粗锡电解精炼"工艺，其主金属选冶回收率达到 70% 以上，同时可实现铜、铅、锌、锑、铋、铟、银等 70 多种有价元素的综合回收，中国锡冶炼的规模世界第一，技术处于世界领先水平。

1886 年，美国霍尔(C. M. Hall)和法国埃鲁(L. T. Heroult)改进了电解铝的生产工艺，开创了熔盐电解氧化铝生产原铝的工业化时代。最初的原铝生产集中于大西洋两岸的北美和欧洲地区。二战之后，随着世界其他经济区的发展和工业规模的扩张，电解铝开始在非洲、亚洲、南美和大西洋等地区逐渐发展起来。1980 年后，伴随着氧化铝工业的区域性转移，电解铝陆续向能源或资源优势的区域转移，经济发达国家电解铝工业逐渐萎缩。近年来铝工业的生产规模大型化和主体装备大型化良性互动发展。目前，国外主流生产槽型仍为 300kA 级别。中国 400kA 级大容量铝电解槽生产的金属铝占了总产能的 35%，成为主流生产槽型；500kA 级电解槽生产的金属铝占总产能的 8%，年产能达到 30 万 t 的 NEUl600kA 高能效铝电解槽于 2014 年在山东魏桥铝电投产，成为当时全球电解铝产能最大、装备水平最高的铝企业，中国电解铝的技术和装备居世界领先水平。

海绵钛的工业生产主要以金属氯化渣或金属氧化物为原料制备四氯化钛，然后，采用 Kroll 法(镁热还原法)或 Hunter 法(钠热还原法)制备海绵钛。1994 年采用 Hunter 法生产海绵钛的美国 RMI(活性金属工业公司)以及英国迪赛德钛公司关闭后，目前中国、日本、美国、俄罗斯、哈萨克斯坦和乌克兰 6 个国家采用 Kroll 法生产海绵钛。

3. 世界有色金属工业发展趋势

有色金属工业属资源开发型产业，随着市场竞争进一步加剧，受资源条件、能源供应、环保要求、劳动力价格等因素影响，有色金属的生产将逐步向资源条件好的国家转移，未来有色金属工业增长将主要集中在非洲、南美及南亚等地。优质矿产资源逐渐枯竭、能源供应日趋紧张、环境负荷以及排放标准更加严苛的现状，给世界有色金属冶金工业提出了更为严峻的挑战，也仍然面临许多新的重大问题，如研究对象和体系复杂、涉及宏观的反应过程、工艺流程的能量和物质转换、微观的反应机理、介观以及多尺度的耦合等。为适应原料与能源结构发生的变化，满足生态环境保护的需求，低污染、低能耗、短流程的强化冶炼、高附加值冶金产品制备等新技术、新工艺、新设备及其理论基础研究将成为有色冶金行业未来发展的重点。随着世界新材料的迅速发展，大直径半导体硅材料、磁性材料、复合材料、智能材料、超导材料生产技术的开发、完善，结构材料复合化及功能化、功能材料集成化及智能化得以不断实现，既开拓了新的有色金属消费领域，又将促进有色金属工业新材料产业的发展。此外，随着学科交叉融合，有色金属工业智能化技术、3D 打印技术、高端有色金属材料加工等新技术的发展与应用，为有色金属工业的智能化、绿色化和增值化发展提供无限可能。

1.4 我国冶金工业总体发展状况及趋势 ◂◂◂

1.4.1 中国钢铁工业的现状和趋势

1. 中国钢铁工业发展历程

中国现代钢铁工业的发展始于 1949 年中华人民共和国成立，70 多年来伴随着国家的成长、发展，中国现代钢铁产业也经历了恢复、壮大、崛起的风雨历程。总体分四个阶段[10,11]：第一阶段从 1949 年到 1978 年，处于探索阶段，其主要特点是波动发展态势；第二阶段是从改革开放之初到 20 世纪末期，处于起步阶段，呈现稳定发展态势，1996 年钢产量历史性地突破 1 亿 t，跃居世界第一位，占世界钢产量的 13.5%，成为世界钢铁大国；第三阶段从 21 世纪初到 2014 年，处于加速阶段，呈现跨越式发展；第四阶段从 2015 年至今，产量始终占据世界第一，占比 50%左右，处于稳定阶段，呈现创新发展态势。

武钢和宝钢的建设开启了中国钢铁工业从西方引进消化吸收先进技术与装备并进行再创新的进程，大大缩短了我国钢铁技术水平与国际上的差距。改革开放后，我国钢铁行业关键技术再次取得突破性进展，引进技术再创新和自主创新逐步成为我国钢铁工业技术进步的主旋律，通过高炉、转炉、轧机等装备的国产化以及高效连铸技术、高炉喷煤技术、转炉溅渣护炉技术、球团(小球)烧结技术、棒线材连轧技术和流程综合节能技术等多项关键共性技术的自主开发和应用，我国逐步掌握了核心关键工艺技术，扩大了产品品种，提高了产品质量，节约了资源，降低了成本，提高了整体竞争力[12]。

2. 中国钢铁工业现状

2017 年我国钢产量达到 8.31 亿 t，占世界钢产量约 50%，钢材实际消费量占全球钢材消费量的 45%左右。中国作为全球最大、最活跃钢材市场的格局在相当长的时间内不会改变，这是中国钢铁产业继续保有、提高竞争力的最强基础。我国钢铁工业经历了跨越式发展，不仅产量得到巨大提升，各工序技术创新和经济指标也有了大幅提高和改善。

在炼铁领域方面，高炉大型化、集约化能力大幅提升[10,13]。目前我国 4000m³ 级高炉23 座、5000m³ 级高炉 5 座，平均炉容达到 1047m³，重点统计钢铁企业 1000m³ 以上高炉生产能力所占比例已达到 60%以上；我国大中型高炉的技术经济指标已达到世界先进水平，1000m³ 级高炉技术指标与国外相当，利用系数、风温优于国外；大型高炉技术指标整体优于国外。原燃料准备技术突飞猛进，烧结和球团工序采用了多项新工艺，如超厚料层烧结、烧结烟气循环、烧结矿余热利用、自熔性镁质球团、混合原料球团技术等广泛应用。新型两段式炼焦技术、热压铁焦新型炉料制备技术等方面也取得突破性进展，为炼铁系统节能减排和降低成本创造了良好条件。同时非高炉炼铁技术也在蓬勃发展，如宝钢块煤熔融还原炼铁技术(coral reduction extreme，COREX)工程投产和技术的再创新，Midrex、HIsmel、气基竖炉的工业化生产以及闪速炼铁的技术研究，为非高炉炼铁提供了多重选择。高炉自动化、智能化技术正在普及。高炉过程计算机控制率已达 90%，数学模型及专家系统等过程优化使用率已达 29.73%。原燃料配料计算模型、热风炉燃烧控制模型、高炉炉缸炉底侵蚀观测模型、高炉布料模型、高炉专家系统等的自主开发和应用取得显著成果。

在炼钢方面，由于受废钢资源短缺和电价偏高等客观因素制约，我国转炉钢与电炉钢产量的比例近十年来始终维持在 9∶1 左右，与国际上转炉钢与电炉钢比例 7∶3 的平均水平相比存在较大差距；但对于废钢-电炉短流程，尽管其产钢比例并没有发生太大变化，但由于我国钢产量增加幅度较大，电炉钢实际产量的提升幅度也很快。目前我国 100t 以上转炉和 60t 以上超高功率电炉基本达到国外同类装备的先进水平，成为我国炼钢生产主体设备，国内 100t 以上转炉生产能力占转炉总生产能力的比重达 57% 以上。目前我国普遍采用了铁水预处理和钢水二次精炼设施，以终点控制为核心的转炉自动化控制水平不断提高，二次精炼得到普遍重视，部分企业建立了超低氧、超低硫等高品质低成本洁净钢生产平台。此外，大型钢铁企业采用转炉预脱[Si]和[P]与脱[C]炉双联的先进工艺，并进行转炉蒸汽回收。在电炉炼钢方面，超高功率电弧炉供电技术、多介质复合喷吹、电弧炉自动化及智能化炼钢等技术也达到世界先进水平。薄带连铸技术、热带无头轧制技术、薄板坯连铸连轧生产薄规格产品、紧凑式带钢生产(compact strip production，CSP)短流程优质中高碳钢开发及应用技术和减定径机组技术等均实现成功应用[14,15]。

轧钢领域，近些年来我国轧钢工艺装备已实现跨越式发展，陆续建成投产了一批具有世界先进水平的现代化轧钢生产线[10]。到 2016 年底，我国已拥有热轧宽带钢轧机 100 套以上，设计能力接近 3.0 亿 t；中厚板轧机近 80 套，设计能力约 9500 万 t；冷连轧宽带轧机(含酸洗轧机联合机组)70 余套，产能超过 8000 万 t；无缝管轧机约 600 套，产能在 4500 万 t 以上，其中装备先进的生产线约占总产能的 65%。大批先进技术得到推广应用，如热连轧机新一代热机械控制工艺(thermo-mechanical controlled process，TMCP)技术，热轧无缝钢管超快冷技术，中厚板控轧、控冷及一体化的"μ-TMCP"技术、高质量取向硅钢渗氮法低温生产技术、高牌号无取向硅钢连轧技术以及镀锌带钢质量控制核心技术等。此外先进加热、轧制、矫直、在线与离线热处理的装备及相应的控制技术已经成为我国轧钢生产的主流，为轧制过程的高效、高速及稳定生产创造了前提条件。

在智能制造方面，我国钢铁企业在炼铁、炼钢和轧钢的大数据平台和智能化系统建设方面也已初见成效[16]。智能制造示范工厂建设，包括基于大数据的智能化平面形状控制技术、热轧带钢质量精准控制核心技术和大型材的数字化设计等均实现成功应用。河钢集团、首钢集团、宝武集团、中信特钢等几十家企业在智能制造方面起到了引领带头作用。宝武集团建立了智能车间，以 1580 热轧产线智能车间为突破口，以工业互联网数据集成、智能机器人为着力点，实现了智能化生产。

3. 中国钢铁工业发展趋势

时至今日我国钢铁行业的技术水平，尤其是大型重点钢铁企业，已经迈入了国际先进行列。但是，钢铁行业科技发展中的不均衡现象仍然突出，还存在先进与落后并存、原创共性技术成果不足、资源高效利用率不高、吨钢平均能耗仍然偏高等问题，关键高端产品仍需进口等问题仍然制约着我国向钢铁强国迈进的步伐[10,17]。未来我国钢铁工业发展的总体目标应该是，以推动钢铁工业转型升级与可持续发展为目标，以构建完善的钢铁工业科技创新体系为基础，以企业为主体，产学研用相结合，在重点企业、重点技术、重点产品和重大先进装备技术方面加大投入，进行联合攻关，切实推动我国钢铁工业实现产品结构调整和产业升级的关键性和共性技术的发展，着力提高企业技术创新能力和竞争能力，使中国钢铁工业技术总体水平达到同期国际先进水平。

我国未来钢铁工业技术发展应坚持把发展资源节约型、环境友好型企业作为科学发展的着力点，积极推进产城融合，开发城市矿山技术，将城市污水和垃圾处理与钢铁生产过程相结合，在满足排放标准的条件下实现处理城市废弃物与钢铁生产的协同；推广应用先进节能技术，推进清洁生产，加强资源节约和综合利用，持续开发和应用集成技术，加快实现智能制造；坚持把用钢产业在应用中需要的新品种、新工艺、新技术的开发作为企业的重要任务，实现产业技术和产品的升级换代，实现目标产品生产工艺标准化和钢铁公司为目标客户需求的定制化生产。总之，未来钢铁工业的发展主要体现在钢铁企业与城市和谐共处、设备自动控制与人员操作趋于融合、产品质量与用钢要求高度匹配，以最小的代价谋求经济效益与环境效益的最大化。

1.4.2　中国有色金属工业的现状和趋势

1. 中国有色金属工业发展历程

中国有色金属工业是在过去近百年的基础上逐步发展，并在中华人民共和国成立之后历经跨越发展，取得了辉煌成就。1949 年中华人民共和国成立时，十种有色金属产量仅为 1.33 万 t，2017 年跃升至 5378 万 t。在国际同行业中的地位显著提高，发挥着越来越重要的作用。70 年来，有色金属工业的发展分为三个不同发展时期。第一个时期是 1949 年到 1957 年，初具规模。在三年经济恢复期，东北地区的一批有色金属企业首先恢复生产，云南、湖南、安徽及江西省的有色金属矿山等相继恢复生产。第一个五年计划时期，我国有色金属工业开始大规模的建设，当时苏联援建的 156 项基本建设项目中，有色金属项目有 13 个，新建、扩建了一批有色金属矿山、冶炼和加工企业，同时，逐步组建了地质勘探、勘察设计、建筑施工、科研院所、大中专院校等，形成了独立完整的有色金属工业体系。1957 年我国有色金属工业已初具规模，十种有色金属产量达 21.5 万 t。第二个时期是 1958 年至 1977 年，徘徊中前进。在 20 世纪 60 年代初的三年调整时期，有色金属工业再次进行规模布局，为建成完整的有色金属工业体系打下了基础，此后的十余年中，我国有色金属工业在徘徊中前进，在曲折中发展。到 1977 年，10 种有色金属产量达到 82 万 t。第三个时期是 1978 年至今，快速发展与转型升级。改革开放之后，我国的有色金属行业进入了一个发展更快、经济效益更好、技术进步更明显、综合实力增强更加显著的发展阶段，有色金属企业、研究机构、高等院校如雨后春笋般建立起来，工艺装备先进，技术成熟，有色金属年产量大幅上升。2002 年，我国十种有色金属产量首次超越美国，成为世界上有色金属生产第一大国，至 2017 年，我国十种有色金属产量已连续 16 年世界第一。

2. 中国有色金属工业现状

经过 70 年的不懈奋斗，我国有色金属工业科技发展令人鼓舞，自主创新能力提高，成效显著。以高效地下采矿、系列大型浮选机、选矿拜耳法、系列大型预焙铝电解槽、铝电解重大节能技术、富氧熔池熔炼、闪速熔炼、底吹炼铅、炭—炭航空制动材料、8～12in 大直径硅单晶等一大批重大科技成就，极大地提高了有色金属工业科学技术水平，增强了有色金属工业的国际竞争力。通过自主创新、集成创新和引进消化再创新，自主研发了一水硬铝石烧结法生产氧化铝的世界独特生产工艺技术；通过产学研联合科技攻关，解决了攀枝花、包头、金川三大共生矿的资源综合利用问题。这些关键性技术显著提高了企业生产技术装备水平，缩小了与发达国家的技术差距。我国自主研发并制造的世界首台万吨级油压双驱动铝材挤压机，生产出 350km 时速的高速列车铝型材，实现了车体材料全部国产化。铜、铅锌等重金属冶炼技术取得了重大创新。自主研发的氧气底吹、双侧吹铜熔炼技术；液态高铅渣直接还原新工艺的技术指标超过国外先进水平，"连续炼铅"技术取得重大突破。全湿法炼锌工艺，氧压、常压直接浸出技术已正常生产。高效强化拜尔法生产氧化铝技术，高铝粉煤灰提取氧化铝技术取得重大进展，大型铝电解综合技术创世界领先水平。500kA 超大型预焙槽已在多家企业采用，世界首次采用 600kA 超大型槽已系列生产，属世界首创，国际领先。代表世界先进水平的 1+4 铝板带热连轧生产线的建成投产，极大地提高了我国铝加工材的技术水平，并打破了我国高精度铝板带材长期依赖进口的局面。

先进铜、铝、铅、锌冶炼产能分别占全国的 99%、100%、80%、87%。"十二五"期间，有色金属行业规模以上单位工业增加值能耗累计降低 22%，累计淘汰铜、铝、铅、锌冶炼产能分别为 288 万 t、205 万 t、381 万 t、86 万 t，主要品种落后产能基本全部淘汰。2015 年，铝锭综合交流电耗 13562kW·h/t，比 2010 年下降 402kW·h/t，氧化铝、铜冶炼、电锌综合能耗分别为 426kgce/t、256kgce/t 和 885kgce/t，比 2010 年分别下降 27.8%、35.7%和 11.4%；再生铜、铝、铅产量分别为 295 万 t、565 万 t 和 160 万 t，5 年年均分别增长 5.3%、9%和 4.3%。"十二五"期间，重点重金属污染物排放总量不断下降。

计算机模拟仿真、智能控制、大数据、云平台等技术逐步应用于有色金属企业生产、管理及服务等领域，国内大型露天矿和地下矿数字化和智能化建设取得重要进展，铜、铝等冶炼生产智能控制系统，铜、铝加工数字控制成型技术，基于"互联网+"的电子商务平台等逐步推广，行业两化融合水平不断提高。

3. 中国有色金属工业发展趋势

当前我国处于有色金属工业转型升级、提质增效，迈入世界有色金属工业强国行列的关键时期，面临诸多矛盾相互叠加的严峻挑战。主要表现在，我国复杂多金属共伴生矿占矿产资源的 80% 左右，传统选冶技术对这些复杂多金属矿的综合利用率低，主金属采选冶回收率有色金属矿山为 40%～60%，铁矿山为 75%。共伴生金属的综合回收率有色金属为 35%，黑色金属为 30%。尾矿资源的利用量不到 10%，伴生金属难以回收利用或利用率低。世界先进国家铜、铝、铅的再生利用比例达到了 50% 以上，而我国有色金属的再生资源利用率普遍只有 30% 左右，有较大的差距。我国单位金属产品能耗高、污染大，多年来只注重选矿、冶金技术开发，单一追求金属矿产资源开采的经济效益，忽视了保护性开发，造成资源利用率低，环境污染大。工业废水和冶金炉渣等固体废弃物的处理和再利用水平还远远不能满足绿色发展的要求。特别是含有毒、重金属的废水和工业废弃物已经给生态环境造成严重的危害。随着环保标准不断提高，有色金属企业面临的环境保护压力不断加大。我国有色金属矿山尾矿和赤泥累积堆存量越来越大，部分企业无组织排放问题突出，钒等部分稀有金属及小型再生冶炼企业生产工艺和管理水平低，难以实现稳定达标排放，重点流域和区域砷、镉等重金属污染治理、矿山尾矿治理以及生态修复任务繁重。部分大型有色金属冶炼企业随着城市发展已处于城市核心区，安全、环境压力隐患加大，与城市长远发展矛盾突出。此外，基础共性关键技术、精深加工技术和应用技术研发不足，产品普遍存在质量稳定性差和成本高等问题，大飞机用铝合金预拉伸厚板和铝合金蒙皮板、乘用车铝面板等尚不能产业化生产，电子级 12in 硅单晶抛光片、部分大直径超高纯金属靶材、宽禁带半导体单晶抛光片、部分高端铜铝板带箔材等仍依赖进口。电解铝等部分冶炼及低端加工产能过剩与部分品种及高端深加工产品短缺并存。

1.5　我国冶金基础研究工作受到项目资助的情况 ◀◀◀

近几年来，我国的冶金工程学科的基础研究得到了国家自然科学基金委员会和国家科技部的大力支持。以各类型项目为引导，在冶金基础理论、研究方法拓展、学科交叉创新等方面取得大量研究成果，不断开拓和完善冶金学基本体系；结合冶金工业的发展战略，支持对冶金新技术、新流程，矿产资源合理利用等一系列重大问题的关键科学问题进行研究，为冶金行业世界领导力提升、关键材料突破、先进流程创新、以及绿色可持续发展奠定了坚实的基础。人才计划的实施，助力培养了一批冶金学科及行业发展的领军人才，为我国乃至世界冶金的发展做出了巨大贡献。

2001 年至 2017 年，我国科研和试验(R&D)经费由 960 亿元增加到 17606 亿元，增长 17.34 倍，是 GDP 增长的两倍多，其在 GDP 中的占比也增加到了 2.13%。其中基础研究经费由 2001 年的 47 亿元增加到 2017 年的 975.5 亿元，占 R&D 经费总额的 5.54%。

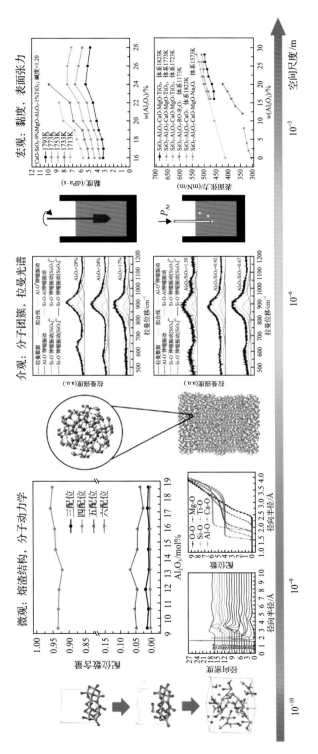

图 2-5　多尺度熔渣结构物理化学性质

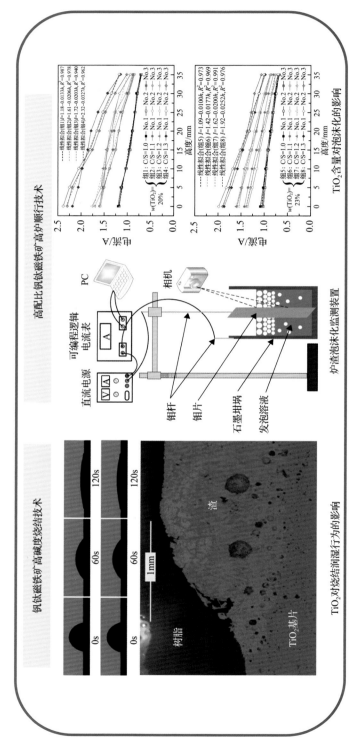

图2-6 钒钛磁铁矿高碱度烧结及含钛高炉渣泡沫化

2.1.5 具体工业应用案例

该成果实现了矿石资源优化配置，促进了炼铁生产精准控制和工序降本增效；解决了国内难处理资源利用问题，可降低铁矿石对外依存度。多品种铁矿石炼铁全流程评价体系的建立，攻克了多品种铁矿石造块、炼铁全流程合理技术经济评价的难题，以及高铝型铁矿利用、高配比钒钛磁铁矿高炉冶炼等关键技术，该体系的应用推动了冶金工业智能制造进程。

教育部组织专家组对该研究成果的鉴定认为，"铁矿石评价体系研究"项目建立了铁矿石在全流程中的评价体系，提出了经济合理地使用不同品质的铁矿石、使其获得最佳技术经济指标的方法；该成果是目前最完整、系统和实用的铁矿石评价方法，针对我国铁矿资源特点和严重依赖进口的现状，为经济合理地使用不同品质的铁矿石提供了重要的理论依据和途径，图 2-7 为全流程铁矿石评价体系软件运行界面。昆明钢铁公司自 2008 年起与重庆大学合作开展了关于铁矿石评价体系的研究，在系统研究各类铁矿理化性能、烧结特性的基础上，开发了烧结工艺智能型配矿、烧结矿矿物组成自动识别与分析、烧结矿性能预测等关键技术。2010 年投入工业应用以后，使用了大量云南周边难处理复杂矿，显著节约了原料成本，烧结矿质量指标稳定，原料种类的扩充保障了烧结产量的提高，提高了烧结、高炉的利用系数，全面提升了烧结工艺的自动化与智能化水平，获得了显著的经济效益。目前，成果已在宝山钢铁、南京钢铁、山东钢铁、昆明钢铁、攀枝花钢铁等国内主要钢铁单位得到工业应用，经济效益显著，近三年新增利润 13.62 亿元。

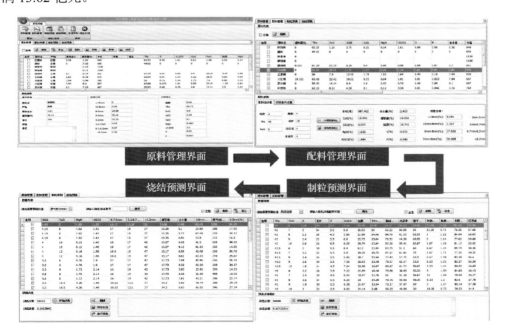

图 2-7 全流程铁矿石评价体系软件运行界面

2.1.6　未来发展方向

（1）烧结过程基础研究。深入研究烧结过程反应机理，完善多元体系的热力学数据和本征动力学特征，健全铁矿石烧结理论。通过微观机理的研究，探明不同矿物对烧结矿性能的影响机制，为构建烧结矿烧结预测模型提供理论基础。通过铁矿石烧结预测模型，来有效地指导复杂条件原料下配矿烧结生产。

（2）炼铁过程的绿色化与智能化。在目前及未来长时期内高炉－转炉流程仍是钢铁工业生产的主要工艺流程，高炉炼铁是实现节能减排和可持续发展的关键。在目前环保形势更为严峻的条件下，高炉炼铁面临巨大挑战。与此同时，高炉在长期运行过程中会积累大量冶炼过程数据，通过人工智能技术挖掘大数据中蕴藏的内在规律，可有效预测和指导生产，最终实现炼铁高炉冶炼的精细化、自动化和智能化。全球范围内一些创新炼铁技术正不断得到深入研究和工业应用。

（3）低碳炼铁技术。我国政府已经承诺，至 2025 年，单位国内生产总值 CO_2 排放比 2005 年下降 60%。为有效应对温室效应和实现社会的可持续发展，减少炼铁过程 CO_2 排放成为研究热点；国内外正积极开发减少炼铁过程 CO_2 排放的炼铁技术，主要集中于研究高炉使用新型炉料、高炉喷吹含氢物质、高炉炉顶煤气的循环利用和非高炉炼铁等方面[1]。

2.1.7　本研究受到国家自然科学基金项目资助情况和获奖情况

1. 获得国家自然科学基金项目资助情况

（1）基于干法粒化与化学法热量回收的含钛高炉渣碳化工艺研究（51674503）
（2）矿物加工与提取冶金（51522403）
（3）高钛渣高温性质及电炉冶炼工艺中渣铁界面分离强化方法研究（51374262）
（4）复杂原料烧结过程中铁酸钙熔体生成与结晶行为的研究（51104192）
（5）高温熔胶生成、演变的物理化学规律及在冶金过程中的作用（51090383）

2. 获得专利

1）中国发明专利

（1）测量铁矿粉湿容量、水接触角和料层孔隙率的系统及方法（1319497）
（2）一种用于铁矿石烧结的烧结助熔剂制备方法（2206123）
（3）一种利用电流实时监测炉渣泡沫化程度的实验装置及方法（2673455）
（4）一种含铁原料气基还原、成渣过程实验方法及装置（2177208）
（5）一种含钛高炉渣干法粒化及甲烷碳化提钛处理装置和方法（2592634）
（6）基于真空碳热还原的含钛高炉渣提钛处理方法（2253591）
（7）一种冶金熔渣干法粒化余热回收装置及方法（1868135）

面变形，主要关注反弯曲率、残余曲率对材料平直度的影响，忽略了厚度方向各纤维之间正应力、各方向剪切应力等因素的影响，对于揭示矫直过程存在一定的局限性。因此，钢轨残余应力及平直度控制技术就成为百米高速钢轨产业化的关键技术，根据高速钢轨的断面、组织特点和特性开发相应的预弯技术和矫直技术，对我国复杂断面型钢产业化具有十分重要意义。

2.2.2 存在的主要科学问题和技术瓶颈

(1)在钢轨生产过程中，随着百米钢轨轧后的自然冷却，由于冷却过程的热胀冷缩与组织相变的交替作用，导致钢轨存在着反复弯曲变形现象，且长度愈长，弯曲变形的程度就愈大，一般来讲，百米钢轨轧后冷却最终产生的弯曲度在 2~3m，在同等变形条件下，矫前弯曲度越大，矫后的平直度越差，钢轨断面尺寸畸变越大残余应力越大；如何控制钢轨轧后冷却过程中产生的弯曲变形，降低钢轨冷却后的弯曲变形程度，成为解决的关键技术问题之一。

(2)由于钢轨断面形状复杂且不对称，在冷却过程中各部分冷却速度不一致，轨底冷却速度较快，而轨头冷却速度较慢，当轨底冷却到不再产生收缩变形时，轨头的温度仍然较高，在冷却过程中继续产生收缩变形，当轨头完成冷却时，整个钢轨将向轨头弯曲，这个弯曲度就是钢轨矫前弯曲度，如何定量解析钢轨轧后自然冷却下弯曲变形和的残余应力变化规律，成为钢轨冷却过程中预弯量控制的关键问题之二。

(3)钢轨矫前弯曲度直接影响矫后的平直度，在同等变形条件下，矫前弯曲度越大，矫后的平直度越差；另一方面，矫前弯曲度越大，反弯变形量越大，矫直力越大，能耗也大，钢轨断面尺寸畸变越大残余应力越大；此外，矫前弯曲度波动大，则矫直工况稳定性差；反之，矫前弯曲度波动小，矫直过程稳定性好，矫直效果好。基于矫直变形理论，建立三维多辊热矫直力学模型，定量描述多辊矫直弹塑性变形区内钢轨应力演变过程，分析初始应力、弯曲变形量、矫直变形量对矫直后钢轨残余应力、平直度的影响，成为控制残余应力和平直度关键问题之三。

2.2.3 解决思路

围绕上述科学问题，针对百米钢轨弯曲变形、矫直残余应力的特殊性，以百米钢轨为研究对象，采用矫前"预弯技术"解析钢轨轧后冷却过程弯曲变形、残余应力最小化控制机理。解析钢轨在预弯状态和平直状态下弯曲变形和弯曲变形后的残余应力之间的关系，提出最优的百米钢轨预弯方案[40,41]。与传统工艺不同之处在于：钢轨在轧后冷却过程中，进行了预弯处理，使其进入矫直机的弯曲达到最小值。

通过采用矫前"预弯技术"，在冷却前对钢轨预先进行一个与自然冷却后的弯曲方向相反的反向弯曲，随着冷却的进行，所施加的预弯曲可以"补偿"钢轨冷却过程形成的弯曲，从而降低钢轨冷却后的弯曲变形程度，最终实现钢轨矫直后残余应力的控制，主要解决问题思路如图 2-9 所示。

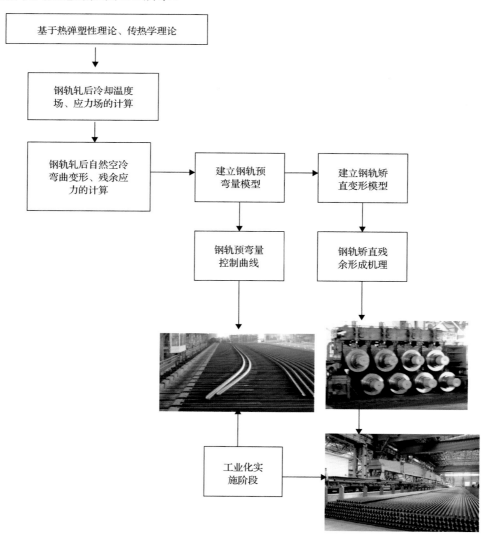

图 2-9　主要解决问题思路

2.2.4　创新性发现和突破性进展

（1）通过建立钢轨冷却过程温度场-组织场-应力场数学模型，解析由于轧制时序和冷却时序产生钢轨头尾温度差，导致钢轨（纵向、横向）冷却的不均匀性对残余应力、弯曲变形的影响；确定钢轨组织控制、冷却速度、冷却均匀性对钢轨轨头纵向组织分布均匀、弯曲变形量、残余应力的定量关系，如图 2-10、图 2-11 所示。

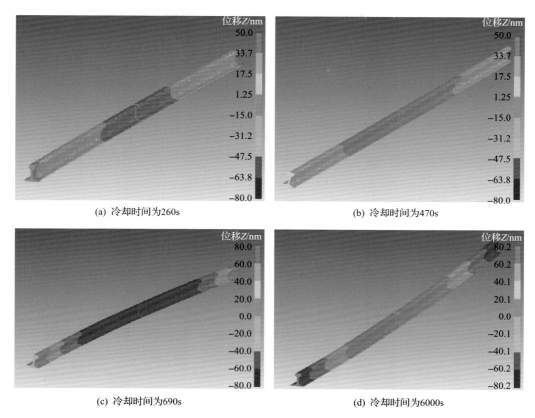

(a) 冷却时间为260s　　　　　　　　(b) 冷却时间为470s

(c) 冷却时间为690s　　　　　　　　(d) 冷却时间为6000s

图 2-10　钢轨在不同冷却时间内的弯曲变形图

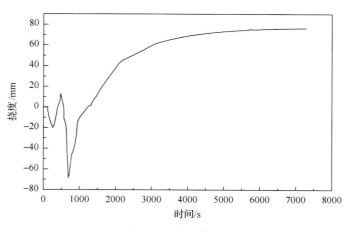

图 2-11　钢轨挠度

从图 2-10、图 2-11 中可以看出，如果仅根据钢轨挠度变化区分，钢轨经历了反复弯曲四个阶段：①在冷却时间为 0～260s 时，钢轨由轨头弯向轨底，并在 260s 时达到最大挠度 19.7mm；②在冷却时间为 260～470s 时，钢轨由轨底弯向轨头，在 480s 时达到最大挠度 12.5mm；③在冷却时间为 480～690s 时，钢轨由轨头向轨底弯曲，并在 690s 时达到最大值 68.1mm；④在冷却时间为 690～6000s 时，钢轨由轨底弯向轨头。在冷却时间为 6000s 以后，钢轨的挠度不变，保持在 75.2mm，钢轨弯曲变形演变规律如图 2-12 所示。

图 2-12　钢轨弯曲变形演变规律

(2) 发明了光塑性材料，该材料在弹塑性范围内，能够记忆其残余应力的大小和分布规律。这一发明为定量化研究材料残余应力成为可能。

制成的四组光弹性材料圆盘分别在光弹仪上，以定量的力进行加载，每加载一次，用数码相机进行拍摄等色条纹图。本实验是用自然光照射圆偏振片的，所以直接拍摄出来的是彩色条纹，图 2-13 为 $1^{\#}$～$3^{\#}$ 光弹性材料圆盘在 20kg 受力条件下的等色线条纹图，图 2-14 为 $2^{\#}$ 试样卸载之后每隔 1min 的等色线图。

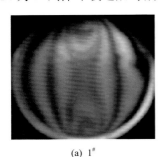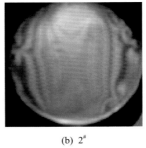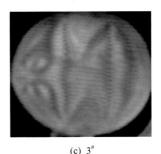

(a) $1^{\#}$　　　　　　　　　(b) $2^{\#}$　　　　　　　　　(c) $3^{\#}$

图 2-13　不同光弹性材料在 20kg 受力条件下的等色线条纹图

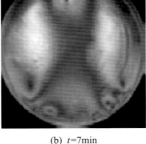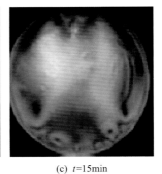

(a) t=1min　　　　　　　(b) t=7min　　　　　　　(c) t=15min

图 2-14　$2^{\#}$ 光弹性材料卸载之后每隔 1min 的等色线图

(3) 基于矫直变形理论，研究了不同矫前弯曲度、矫直变形量对矫直平直度、残余应力的影响，解析了矫直机在矫直变形区内应力的演变规律，提出了降低残余应力的新方法。

的理论与方法，轧制与冷却过程中的形变、相变及析出过程与规律，组织性能控制理论与方法，轧制过程中的接触摩擦及其规律，新一代高强、超高强钢及极限尺寸轧材的尺寸形状与组织性能控制技术等。

近年来发展和应用于轧制过程塑性变形及三维热力耦合数值模拟分析的方法主要有：全轧程三维热力耦合数值模拟分析优化，多场、多尺度模拟计算分析；高强钢轧材中的残余应力预测分析；基于全流程监测与控制技术的板形控制理论等。

在组织性能预测、监测与控制方面，重点开展的理论技术包括[45]：形变与相变及组织调控理论；组织性能预测模型、监测与控制技术；薄板坯连铸连轧钢中纳米粒子析出、控制理论；钢中纳米粒子析出理论、钛微合金化钢中纳米 TiC 析出与控制；薄板坯连铸连轧 Ti 微合金钢纳米粒子析出控制技术等[46-48]。

近年来，日本、美国、欧洲和中国正在进行新一代锅炉项目的研究开发[49,50]，锅炉蒸汽温度将达到 700℃，发电效率提高到 46%以上。锅炉最高温度部位的锅炉管和配管需使用具有很高高温强度的新型 Ni 基合金，日本目前正在以官民一体化项目的形式进行研究。在热轧薄宽带钢工艺技术方面，主要开展的研究包括：无头轧制、半无头轧制薄规格、超薄规格热带钢技术；薄带铸轧技术；离线或在线热处理强化技术；钢材组织性能精确预报及柔性轧制技术；高性能、高强度钢材轧制技术基础问题研究等[51-53]。

2.3.2 存在的主要科学问题和技术瓶颈

随着现代冶金材料科学技术的不断发展，高成形加工性能、高耐低温耐高温性能、高耐腐蚀性能、超高强韧性能等高性能、高强度钢得到不断开发和应用。随着航空航天、海洋工程、能源工程、现代交通工程，以及进一步节约资源能源的发展需求，更高性能、更高强度、更均匀化稳定化的高性能、高强度钢的研究开发将持续不断地进行。多年来，国内外许多冶金科技工作者一直在致力于高性能、高强度钢生产技术相关的应用科学基础研究开发和探索工作。日本、韩国、欧洲、北美和我国的一些大型钢铁企业、研究院所和高校在高性能、高强度钢的应用基础方面取得了大量的成果，有力地推动了先进高强度钢的开发、生产和应用[54-56]。

从科学问题及瓶颈来看，从宏观到介观、再到纳米及原子尺度的微观，真正完全跨尺度的设计、控制及预测理论还远没有形成，由于实际大生产中的连续、大规模、高速的冶金加工工艺过程是一个十分复杂、系统的冶金与材料工程科学问题，其中的许多基础科学问题尚未解决，规律尚不清晰，仍需要紧密结合实际工艺过程进行不断深入、系统地开展研究，为新的高性能、高强度钢产品的开发及其稳定性生产工艺控制提供依据和基础[57]。

2.3.3 解决思路

从系统研究分析现代钢铁流程连铸连轧生产高强韧、高性能热轧薄板的微合金化、纳米粒子析出、形变与相变、组织细化与强韧化的热力学、动力学等相关基础研究入手，弄清并掌握冶金学与材料学机理及在工艺过程中的演变规律；紧密结合薄钢板连铸连轧实际工艺特征，建立定量的材料组织性能表征与控制模型，在系统分析和掌握连铸坯凝固、均热、热连轧及控冷过程的工艺与组织形成特征及规律基础上，建立一整套先进的合金成分设计、微合金化技术及高性能热轧薄钢板组织性能控制方法和技术，在系列高性能热轧板带产品设计开发、降低成本、有效节约资源与能源和实现可持续发展上发挥重要作用。图 2-22 为研究思路框图。

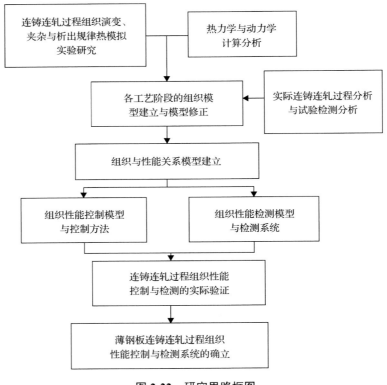

图 2-22　研究思路框图

2.3.4　创新性发现和突破性进展

1. 纳米粒子形貌与析出行为定量分析与强化机理

对纳米铁碳化物、铁氧化物、铁钛碳氧析出物、Cu 的硫化物、氮化物等进行了热力学分析，确定了它们的开始析出温度；利用热力学研究结果结合经典形核、长大理论建立动力学模型，研究了析出物的半径、析出开始时间和体积分数。用高分辨电镜观察到薄板坯连铸连轧薄钢板中存在三类小于 20nm 的粒子，它们分别是铁氧析出物、铁碳氧析出物和铁钛碳氧析出物，以铁碳氧析出物为主。

2. 基于大数据的钢材生产全流程工艺及产品质量管控技术

保证钢材质量性能一致性的前提是钢材从冶炼到轧制生产全流程的工艺控制的稳定性。在生产全流程过程中将形成海量数据，利用好这些大数据对实现工艺与产品质量的稳定性、一致性控制至关重要。因此，需要建立基于钢材生产全流程的工艺质量大数据平台，形成从冶金成分、铸坯质量到轧制全流程工艺质量数据集成技术，结合钢材表面质量缺陷与内部晶粒组织性能在线检测技术，对各轧制工艺参数、轧件质量进行在线监控，追溯分析与评价，质量在线评级，同时进行工艺参数波动因素分析，为工艺稳定性控制和优化控制提供依据。

3. 结构用超高强韧钢的发展

随着新型建筑结构的发展，对高层、超高层建筑用高强韧钢、耐候耐火抗震钢、大型桥梁结构及缆索、强力螺栓用钢等的需求将不断增长。目前，桥梁钢的强度已超过 800MPa，建筑结构用钢板的强度已达到 1000MPa，钢缆线强度超过 2000MPa，钢丝的强度达到 4000MPa、抗震钢的屈强比上限在 0.8，今后这些指标将进一步提高。

支撑这些高强度、高性能钢材的生产技术主要包括：钢质的高洁净化、微观组织的精细控制、通过 TMCP 技术的组织细化与复相化。在轧制-控冷工艺过程中，通过改变碳及合金含量和冷却速度与路径，可获得各种不同的相变组织，从而赋予钢材多样的材料特性，据预测，钢材的理想强度可能达到 1 万 MPa 以上，甚至可以说钢材还处于发展阶段，其中还隐藏着巨大潜力的"新材料"。

4. 热冲压薄钢板向超高强度发展

为了提高燃油效率，对汽车轻量化提出了越来越高的要求；同时对汽车冲撞安全性的要求也进一步提高，大量开发和应用超高强度钢成为必然的选择。1500MPa 级热成形钢在汽车上已有较多的应用，而 1800MPa 级和 2000MPa 以上级别超高强度热成形薄钢板的研究开发和应用正在进行中。为了提高强韧性，重点开发热冲压后原始奥氏体晶粒微细化、提高淬透性的 2000MPa 级热冲压钢板，其伸长率、淬透性、点焊性、氢脆性等特性与现行热冲压钢无明显区别。但其在韧性、成形件的低温弯曲特性等方面还有待提高，这可能与热轧、冷轧、热处理工艺控制有关。

5. 超高强度钢的未来发展

今后，为了进一步适应环境与绿色化发展的要求，节能减排，实现结构轻量化，节约资源与能源，钢质结构件的强度和性能将进一步提高。据日本新日铁住金株式会社的研究开发计划，钢的理想抗拉强度为 10400MPa，但目前最高仅实现 40%，汽车用钢才达到 15%，抗拉强度还有很大的提升空间。为此，其计划到 2025 年，汽车防撞钢梁抗拉强度将由 2015 年的 1760MPa 提升到 2450MPa，发动机舱盖抗拉强度将从 1180MPa 提升到 1960MPa，中柱抗拉强度将从 1470MPa 提升到 1960MPa，车门外板强度将从 440MPa 提升到 590MPa，同时，作为加工性指标，延展性能将和抗拉强度同时得到提高。在微观层面进行特性改进,在宏观层面推进工艺优化,进一步开发出优良性能的超高强钢铁材料。

6. 多学科交叉融合的轧制创新体系将不断形成和发展

多学科交叉融合的轧制创新体系包括:①轧制塑性变形理论技术与冶金过程控制、连铸凝固理论技术的融合及一体化控制;②轧制理论技术与现代材料科学、纳米技术、复合材料技术、表面技术、材料基因及材料多尺度设计、预测与控制等技术的融合;③轧制理论技术与大数据、计算机技术、数值模拟、现代塑性力学、高精度检测与智能控制等技术的融合;④超厚、超薄、超宽、复杂断面、特殊应用环境(超高温、超低温、耐腐蚀等)高性能、高精度轧材成套系统制造技术;⑤材料设计制造与成形应用、综合考虑环境资源及可循环、全生命周期一体化的材料设计理论与制造技术。

7. 人工智能技术将在板带轧制中得到广泛应用

人工智能神经网络具有自适应学习的功能和处理复杂非线性特点。实现利用温度场模型、再结晶动力学模型及组织演变模型,计算得到数据与力学性能之间的映射。预测值与实际测量值基本在5%之内,运用神经元网络结构的在线优化将得到广泛应用。检测过程中,当输入化学成分和各项组织参数之后,运用神经网络来计算最终的力学性能,因此如何使神经网络获得良好的预测能力是非常关键的。现代化钢厂的计算机控制系统非常复杂,所建立的组织性能检测系统要从现场的计算机系统中获取大量的信息,检测系统应该具备完善的通信接口,包括与现场的可编程逻辑控制器(programmable logic controller,PLC)、人机界面以及数据库之间的连接。

8. 基于钢铁材料全生命周期的材料性能检测评价体系发展方向

如图2-32所示,热轧薄板的生产从采矿—炼铁—炼钢—连铸—热轧—用户板材下料—冲压成形—裁边—连接—服役等几十道工序,是一个制造流程长,涉及资源、能源与环境的十分复杂的系统工程。必须考虑结构报废及材料循环利用的全生命周期的材料性能检测评价体系的发展方向问题。

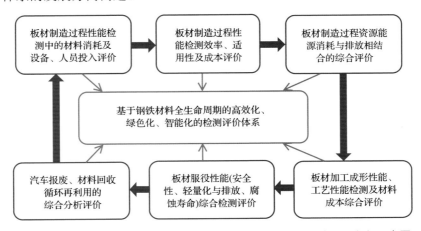

图 2-32 基于钢铁材料全生命周期的材料性能检测评价体系发展方向示意图

2.3.7 本研究受到国家自然科学基金项目资助情况和获奖情况

1. 获得国家自然科学基金项目情况

重点项目：薄钢板连铸连轧过程组织性能控制与检测(50334010)

2. 获得专利

中国发明专利：

(1)一种含铝、高硼高强度微合金钢的生产工艺方法(ZL01123495.4)

(2)一种生产集装箱板的方法(ZL01114640.0)

(3)一种基于紧凑式带钢生产工艺流程的汽车用热轧高强度钢板的生产工艺 (200410026496.6)

(4)一种纳米粒子强韧化的低碳钢生产方法(ZL02115101.6)

(5)免热处理高强冷镦铆螺钢的生产方法(ZL 2004 1 0020710.7)

(6)轧制过程钢板内部组织晶粒尺寸的软测量方法(200510046130.X)

3. 获得奖项

(1)2007 年国家科技进步奖二等奖：薄板坯连铸连轧微合金化技术研究及低成本高性能微合金钢开发

(2)2005 年广东省科技进步一等奖：电炉 CSP 流程生产汽车用 ZJ510L、ZJ550L 低碳高强度钢板的开发与应用研究

(3)2006 年中国冶金科学技术奖一等奖：薄板坯连铸连轧微合金化技术其应用

(4)2007 年教育部科技进步奖一等奖：Ti 微合金化高强及超高强耐候钢强化原理、控制技术及应用

(本节撰稿人：康永林，朱国明。本节统稿人：康永林，朱国明)

2.4 洁净钢冶炼用碳复合耐火材料纳米结构工程技术与工业应用 ◀◀◀

2.4.1 本学科领域的国内外现状

碳复合耐火材料是 20 世纪 80 年代初发展起来的一个重要的耐火材料体系[58-61]，在材料中通常选用天然鳞片石墨作为碳源，其粒度范围在 45～150μm，加入量(质量分数)一

般为 5%～18%，甚至高达 25%。石墨导热系数高 [300K 时理论 λ_a 为 1910W·(m·K)$^{-1}$]，易于挠曲变形或发生层间滑移，其与结合剂碳化形成的次生碳一起在材料中形成网络结构，有利于缓解材料在温度急剧变化时所产生的热应力；再加上石墨等碳素材料对熔渣的不润湿性，也有利于改善材料的抗渣侵蚀性。因此，碳复合耐火材料被广泛用作转炉、电炉和钢包等炉衬材料和一些功能部件，对钢铁工业的发展起到了举足轻重的作用[62-66]。

随着钢铁工业的发展，一些关系国家重大需求的海洋用钢、核电工程用钢、交通运输及重大装备用钢等超低碳含量的高品质洁净钢急需开发。然而，传统碳复合耐火材料已不能完全满足这些发展的需要[67-70]。如在真空吹氧脱碳(vacuum oxygen decarburization，VOD)中冶炼洁净钢时含碳炉衬材料会引起钢水增碳；其次，材料的高导热系数导致了炉衬热损耗增加，为了弥补温降，保证炉外精炼过程的正常进行，迫使出钢温度提高，这不仅增加了能耗，而且加剧了耐火材料的侵蚀损毁[71,72]；除此之外，传统碳复合材料中大量引入石墨，消耗了宝贵的石墨资源，也加剧了温室气体的排放[73,74]。着眼于当前世界各国"低碳经济"的外部环境，节约资源，进一步满足冶炼超低碳钢等洁净钢的要求，碳复合耐火材料必然向低碳化方向发展，尤其是开发碳含量低于 5%的高性能低碳耐火材料[75-77]。

倘若单纯降低碳复合耐火材料中鳞片石墨含量，势必造成材料的热导率下降，其缓解温度变化所引起热应力的能力变弱，材料中能量耗散机制的大幅减少，其热震稳定性必然大幅下降。近年来，从提高低碳耐火材料的强度和韧性，改善材料的热震稳定性出发，国内外研究者采用纳米炭黑和多壁碳纳米管(multi-walled carbon nanotubes，MWCNTs)等低维纳米碳开展了大量的卓有成效的工作。如日本九州、黑崎等耐火材料公司将纳米炭黑(粒径 17～80nm)引入材料中，部分或全部取代鳞片石墨，纳米炭黑与基质间产生弹性模量和热膨胀系数的失配，导致材料断裂过程中微裂纹偏转与分支、阻碍微裂纹扩展或弱化应力集中，从而实现增韧及提升其抗裂纹扩展能力的目的[78-80]。与纳米炭黑相比，碳纳米管是由单层或多层石墨片蜷曲而成的一维纳米结构，具有非常优异的力学性能，其在材料中能够产生拔出、裂纹偏转和桥连等增强增韧效应。通过在耐火材料中引入碳纳米管，提高了材料的强度和韧性[81-83]。此外，通过原位催化裂解的方式解决碳纳米管的分散性问题和实现原位强韧化具有较好的潜力[84-86]。

另一类低维碳材料是石墨烯，具有高宽比的二维几何形状，且其拉伸模量和强度分别为 1000GPa 和 130GPa。目前采用氧化还原法已经能批量生产石墨烯片或氧化石墨烯片，通常它的厚度是理论石墨烯(单层厚度 0.34nm)的十倍至百倍，这种二维纳米碳在增强增韧聚合物基和陶瓷基复合材料方面比碳纳米管更具潜力和优势[87,88]。较石墨烯而言，蠕虫状膨胀石墨由于具有发达的孔隙结构，能够有效吸收热应力而受到广泛关注[89-91]。

从已有工作来看，低碳耐火材料制备过程中采用纳米炭黑或与微米级鳞片石墨复合已经初步取得较好的效果。而多种纳米碳源(炭黑、碳纳米管和石墨烯片)的复合，充分发挥纳米碳在材料中的协同作用是进一步提升低碳耐火材料性能的重要途径。因此，进一步研究纳米碳结构工程技术，充分发挥新型纳米碳源的优势，对于开发新一代低碳化耐火材料具有重要意义。

2.4.2　存在的主要科学问题和技术瓶颈

通过调研发现主要存在以下制约纳米碳技术在低碳耐火材料中应用的技术瓶颈（图 2-33）：

(1) 由于纳米碳比表面积大，难以分散，单纯以机械混合的方式引入碳纳米管等纳米碳源仍将面临严峻的挑战，常常需要球磨、超声等分散技术进行辅助，不利于工业化应用。因此，能否将纳米碳均匀分散到材料基体中是低碳耐火材料开发的关键，而在低碳耐火材料中引入催化剂，将结合剂酚醛树脂或沥青等催化形成纳米碳则是重要的解决手段。原位引入解决该技术瓶颈的难点在于如何通过调整原位催化技术，有效提高基质中原位催化形成纳米碳的产率以及调控其形貌。其中关键的科学问题是：催化剂种类、赋存状态与催化裂解形成纳米碳结构特征规律之间的相关性。

(2) 纳米碳源结构和缺陷状态有别于传统碳质原料，并且其在高温下很可能与材料中的其他组分发生反应，其赋存状态、结构变化、高温下材料中陶瓷相形成对碳复合耐火材料性能起着至关重要作用。为了更深入研究纳米碳的作用机理，探明高温下纳米碳源结构演变规律，提出控制原位陶瓷相形成的物理化学条件是制备高性能碳复合耐火材料的关键问题。其中，碳复合耐火材料中高温复杂环境下纳米碳结构演变与陶瓷相原位形成、环境气氛中气相物质的反应平衡关系是关键的科学问题。

(3) 单一纳米碳源依然存在一定的局限性，低碳耐火材料综合性能的提升必然要求复合纳米碳源协同高温陶瓷相形成来改善材料的微结构，从而达到多重强韧化机理的复合作用。随着碳含量降低，原位形成陶瓷相对材料增强增韧作用贡献及其与碳源之间的协同效应将变得十分关键。其中，低碳耐火材料的断裂行为与复合纳米碳/原位形成陶瓷相协同强韧化之间的相关性是关键的科学问题。

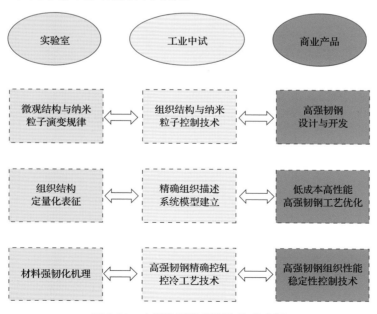

图 2-33　主要的科学问题和技术难题

2.4.3　解决思路

　　围绕上述关键科学问题(1)，从分析催化剂的负载条件结合催化生长纳米碳的物理化学条件入手，制定相应的研究计划。根据相关研究，采用的催化剂主要为含金属铁、钴、镍的无机和有机盐类，例如硝酸铁和二茂铁等。为了改善催化剂的负载能力，采用有机化学试剂作为络合剂进行调节或者对碳质原料表面进行修饰/改性。进而，通过调节化学气相沉积条件实现纳米碳的生长，并有效控制其产量和形貌。与一般催化技术不同的是，本项目中还采用碳化硼作为催化剂，通过原位催化酚醛树脂裂解产物形成纳米碳复合物。采用上述原位催化技术，一方面将树脂裂解产物中碳原子和部分碳氢化合物转化为纳米碳结构，从而解决纳米碳引入的问题；另一方面，催化剂粒子高温下还能促进更多陶瓷相的形成。

　　围绕上述关键科学问题(2)，对纳米碳的可能结构演变进行分析，制定研究方案。针对含碳耐火材料中常用金属添加剂和特殊处理工艺，采用纳米碳与添加剂共混或埋碳处理的方式来研究其结构演变过程和机理。首先研究碳复合耐火材料中添加剂种类(Al、Si、SiO_2 和 B_4C 等)及其含量、处理气氛和温度对纳米碳结构的影响，探明纳米碳杂化结构演变规律；在此基础上，研究高温复杂环境下纳米碳演变和原位形成陶瓷相涉及反应过程和相平衡关系，提出合适的碳复合耐火材料防氧化剂等组分体系。通过上述研究，为实现纳米碳结构演变和陶瓷相形成调控提供理论指导和基础数据。

　　围绕上述关键科学问题(3)，主要从材料结构与性能的关联性入手分析，制定研究方案。针对碳复合耐火材料的特点，采用劈裂测试结合图像处理的方法研究各工艺条件下制备的低碳耐火材料的弹塑性行为，探明纳米碳与原位形成陶瓷相对材料弹塑性行为的影响；进一步通过研究材料的断裂过程，构建材料的力学性能与纳米碳和陶瓷相之间的关联性，以揭示材料中复合纳米碳源与原位形成陶瓷协同强韧化机理。上述研究工作的开展为碳复合耐火材料的工业应用提供理论依据和指导。

2.4.4　创新性发现和突破性进展

1. 揭示碳化硼(B_4C)原位催化形成纳米碳结构的机理

　　一直以来，碳化硼主要作为一种碳复合耐火材料的抗氧化剂而被广泛使用，其对碳源和结合剂的催化行为未被关注。本工作中首次发现碳化硼对酚醛树脂结合剂具有催化特性，揭示了碳化硼催化树脂结合剂裂解碳形成一维碳纳米管和洋葱状纳米碳结构的机理[92]。通过 X 射线衍射仪(X-ray diffraction，XRD)和傅里叶红外光谱仪(Fourier transform infrared spectroscopy，FT-IR)等检测手段确认碳化硼对酚醛树脂裂解碳具有催化石墨化的作用；进一步采用扫描电子显微镜(scanning electron microscope，SEM)和透射电镜(transmission electron microscopy，TEM)观察确认催化形成纳米碳主要为碳纳米管和洋葱状纳米碳。图 2-34 为 B_4C 催化树脂裂解碳的 XRD 图谱和 TEM 照片。基于上述研究分析，提出了 B_4C 催化树脂裂解碳形成纳米碳复合物的机理，如图 2-35 所示。将碳化硼引入低碳复合耐火材料中，利用原位纳米碳的形成和高温陶瓷晶须的协同强韧化作用，显著改善材料的抗热震性[93]。

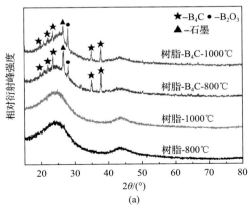 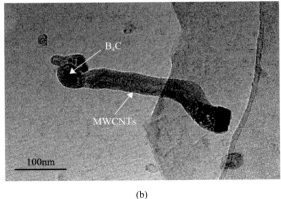

(a)   (b)

图 2-34 B₄C 催化树脂 XRD 图谱（a）和催化形成 MWCNTs 的 TEM 照片（b）

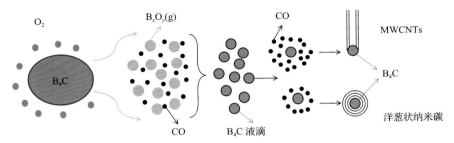

图 2-35 B₄C 催化树脂裂解碳形成碳纳米管和洋葱状纳米碳结构的示意图

2. 开展微/纳米碳质原料结构演变过程、机理及调控措施基础研究

借助 XRD、SEM 和 TEM 等手段系统地研究了不同微/纳米碳源含单质硅等添加剂时在高温环境中的结构演变过程，揭示了纳米碳的结构演变机理；在此基础上，阐明了调控碳源结构演变和陶瓷相形成的主要因素和有效手段[94-98]。

炭黑在含硅碳复合耐火材料中的结构演变过程为：首先在炭黑边缘出现石墨化现象，高温下与含硅气相物质反应生成内层为炭黑，外层为碳化硅的核壳结构。与炭黑相比，鳞片石墨片层结构上的缺陷处也会逐渐蚀变成为碳化硅，以此为核促进碳化硅晶须的生成，从而鳞片石墨高温下会转化为 SiC 晶须。多壁碳纳米管(multi-walled carbon nanotubes，MWCNTs)在含硅环境中的结构演变分为以下几个步骤：800℃时氧化导致部分 MWCNTs 管径减小；1000℃处理后在 MWCNTs 表面缺陷处形成碳化硅层，部分 MWCNTs 蚀变为碳化硅晶须；1200℃及更高温度处理后 MWCNTs 蚀变加剧，并促进大量 SiC 晶须生成。上述碳源结构演变前后的 TEM 和 SEM 照片见如图 2-36 所示，相应地，图 2-37 为各种碳源发生结构演变的机理示意图。

综合来看，碳质原料高温下结构蚀变的主要影响因素是 Si 和 SiO 蒸气的形成，尤其是埋碳环境中的 SiO 分压，决定了碳源的结构蚀变和陶瓷相形成进程。与仅添加单质 Si 相比，硅微粉引入可以促进 SiO(g) 分压升高，从而加速了纳米碳源的蚀变进程和碳化硅晶须的形成；相反地，由于 B_4C 先于单质 Si 氧化，其有效降低了 SiO(g) 分压，抑制了纳米碳源的结构蚀变，而且也减少了材料中碳化硅晶须的形成量。

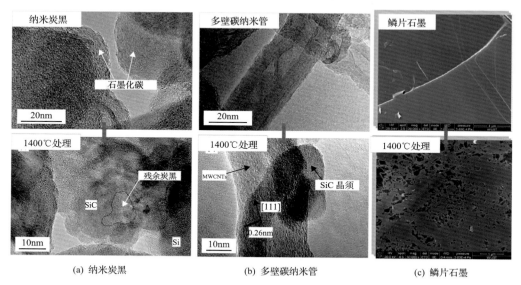

(a) 纳米炭黑   (b) 多壁碳纳米管   (c) 鳞片石墨

图 2-36　不同种类碳质原料的结构蚀变 TEM 和 SEM 图

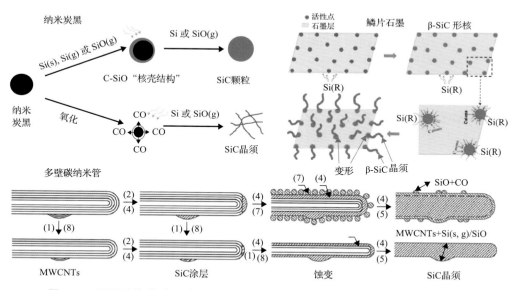

图 2-37　不同种类碳质原料(炭黑、鳞片石墨和多壁碳纳米管)的结构蚀变示意图

3. 微/纳米碳复合强韧化碳复合耐火材料断裂行为研究

研究了纳米碳复合低碳耐火材料的断裂行为,揭示了纳米碳复合陶瓷相(颗粒、晶须)协同增强增韧机理, 为制备高性能低碳复合耐火材料奠定基础[99-101]。

首先,通过观察劈裂测试后试样中裂纹的传播路径考察碳复合耐火材料的结合方式,从侧面了解纳米碳和陶瓷相的强韧化机制。通常来说,裂纹传播路径分为三大类:穿骨料传播、穿基质传播、沿骨料和机制的界面传播。不同的裂纹传播路径决定于特定界面结合能大小。另外,通过劈裂测试还可以测得碳复合耐火材料的载荷-位移曲线,并反向拟合计算出材料弹性模量,理论断裂能和特征裂纹长度,从多角度比较和评价材料中纳米碳和陶瓷相协同强韧化的能力。分析测试各参数之间的相关性可知,提高碳复合耐火材料的抗热震性可以通过降低材料的脆性、弹性模量、表观拉伸强度和穿晶裂纹比例等方面着手;与此同时还应该增加界面裂纹比例和比断裂能。在所研究的碳复合耐火材料中,引入纳米炭黑、膨胀石墨、MWCNTs、复合纳米碳和原位催化技术,显示了较好的抗热震性。对于炭黑及其高温蚀变形成的 SiC 颗粒来说,其主要的增韧方式为“裂纹钝化”、“钉扎”和“裂纹偏转”效应;一维的 MWCNTs 和 SiC 晶须主要是通过“裂纹桥接”、“拔出”和“裂纹偏转”来实现增强增韧;除此之外,还涉及鳞片石墨以及膨胀石墨的片状强韧化作用。上述微/纳米碳和陶瓷晶须的强韧化作用机理如图 2-38 所示。不同种类纳米碳/微米碳的复合赋予了碳复合耐火材料中多重强韧化机理的协同作用,因而含复合碳源的碳复合耐火材料表现出了较好的综合性能。考虑到 MWCNTs 的分散性问题,原位催化形成 MWCNTs 有利于改善 MWCNTs 的分散性,并促进 MWCNTs 与树脂残炭形成交织结构,提高了结合强度和韧性。

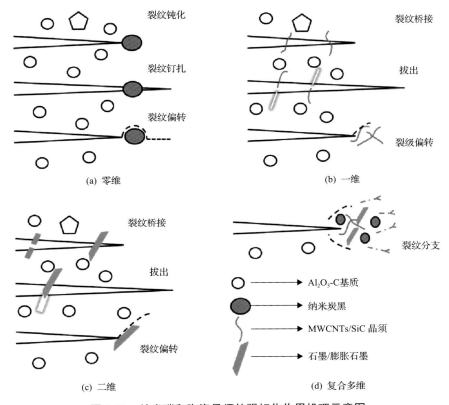

图 2-38　纳米碳和陶瓷晶须的强韧化作用机理示意图

2.4.5 具体工业应用案例

上述技术已成功应用于宝武集团、马钢股份等洁净钢冶炼控流装置用耐火材料产品，如转炉出钢口、闸阀和钢包、中间包滑动水口等，产品的高温强度、抗氧化性、抗热震性等关键指标高于国外同类产品，大幅提高了产品的使用寿命，保障了洁净钢冶炼安全运行。近三年在相关行业新增产值 10.4 亿元，新增利润 1.2 亿元。

1. 高效转炉闸阀滑板的开发与应用

减少转炉出钢时的下渣量是提高钢水洁净度、钢产品质量及降低冶炼洁净钢成本最有效的途径。其中，转炉挡渣特别是闸阀挡渣技术在减少钢水回磷，提高合金收得率，减少钢中夹杂物、提高钢水清洁度等方面作用显著，使得转炉闸阀挡渣技术广泛应用于冶炼洁净钢的流程中。转炉闸阀挡渣用滑板由于直接受高温钢水的冲刷和高氧化性气氛的氧化，以及频繁的急冷急热作用，对耐火材料要求极为苛刻。研发新一代抗热震性能、耐冲刷、抗侵蚀的高效转炉挡渣闸阀用滑板，对洁净钢冶炼具有重要意义。

2015 年 8 月开始启动与安徽马钢耐火材料有限公司高效转炉闸阀滑板合作开发工作。主要开展如下工作：系统研究了膨胀石墨表面负载过渡金属催化剂的物理化学过程，进一步探讨以酚醛树脂为碳源，在膨胀石墨表面原位生长碳纳米管的机理；同时研究在碳复合耐火材料中原位催化形成膨胀石墨-碳纳米管三维结构对材料的综合性能的影响；探讨了其作为新型碳源制备高性能含碳耐火材料的可能性。在此基础上，将复合纳米碳源引入转炉挡渣闸阀中，探明挡渣闸阀工业化制备工艺，在已有滑板基础上进一步提高挡渣闸阀的综合性能。

安徽马钢耐火材料有限公司生产的高效转炉闸阀，经国内耐火材料产品质量检测站检测，各项性能均高于指标要求，且具有优良的抗热震性和很好的抗侵蚀性，用于钢包挡渣生产，可以有效提高挡渣效果及挡渣次数。试制品自 2015 年先后在马钢一钢及宝钢 100t 以上钢包试用，马钢一钢闸阀平均寿命提升 2.07 炉，宝钢一炼钢闸阀滑板平均寿命提升 2.09 炉，最高可提升 3 炉。每炉钢水按 120t 计算，每套闸阀滑板较原来可多产生钢水 240~360t，同时延长转炉闸阀的使用周期及更换周期，降低耐材消耗及生产成本，节约能源；除此之外，与镶锆闸阀滑板相比，其寿命相当，生产成本减半，且提高现场使用安全性。该高效转炉闸阀抗侵蚀性能及耐热震性优异，得到钢厂一致好评。

2. 高效出钢口镁碳砖的开发与应用

出钢口是转炉冶炼终了钢水从转炉到钢包的通道，出钢口性能好坏直接影响转炉作业率、钢产量和钢水的质量。出钢口由于直接受高温钢水的冲刷和高氧化性气氛的氧化，以及频繁的急冷急热作用，出钢口耐火材料要求苛刻。随着转炉冶炼周期缩短，节奏加快，出钢口的频繁更换成了影响转炉炼钢生产节奏的重要因素之一。因此，提高出钢口的耐用性对于提高转炉生产效率、降低生产成本具有重要意义。

2016 年 1 月团队与武汉钢铁公司合作开展转炉出钢口用高性能镁碳材料的开发。目前炼钢厂所使用的出钢口材质上主要以镁碳质耐火材料为主。鳞片石墨在成型过程中形成的层状结构，使得镁碳材料平行于受压面和垂直于受压面方向的热膨胀系数和热导率系数产生较大差异，以致现有材料在实际使用过程中遭受冷热交替产生的不均匀分布热应力而降低了材料的热震稳定性。在开发过程中研究了不同碳源、碳含量、颗粒级配以及抗氧化剂含量对镁碳耐火材料性能的影响。研究中发现镁碳耐火材料中碳含量的增加有助于材料抗热震性的提高，但抗氧化性有一定程度的降低；而添加膨胀石墨能够显著提高镁碳材料的抗热震性。通过调整颗粒级配和引入不同碳源，制备出了力学性能、热震性能及抗氧化性能等综合性能优异的转炉出钢口镁碳砖，在杭州宁波钢厂 1 号炉和 3 号炉使用最高次数分别达到 188 炉次和 200 炉次，较传统出钢口镁碳砖 130 炉次有了明显提升。

2.4.6　未来发展方向

碳复合耐火材料因石墨等组分具有优异的抗热震稳定性和抗高温熔渣侵蚀能力，已被广泛用于钢铁冶金工业的热工装备和主要功能部件。在国家节能减排驱动下，低碳化耐火材料的基础研究及其应用领域的拓展将是该材料今后一段时期内应重点关注的发展方向。

首先，进一步强化低碳技术基础研究是保障碳复合耐火材料得到长期工业应用的根本。近年来，石墨资源以及优质大宗原料快速开采和消耗，导致原料品位问题日益凸显，开发新一代低碳耐火材料迫在眉睫。而耐火材料低碳化的核心技术是在耐火材料基质中构筑以碳与原位陶瓷相为组元的工程纳米结构，提高材料的强度和韧性，从而改善材料的热震稳定性和抗渣侵蚀能力。简单来说，低碳化技术主要应包括以下几个方面：①纳米碳源的表面缺陷修饰和处理，提高抗氧化性；②开发新型"类石墨碳质原料"，例如钛铝碳(Ti_3AlC_2)或铝硅碳($Al_4Si_2C_5$)层状化合物等；③借助劈裂测试手段、结合图像处理等表征方法研究材料的断裂行为，并结合有限元模拟等方法对材料进行深入分析，探明低碳耐火材料的损毁机制。

其次，碳复合耐火材料另一个重要的未来发展方向是应用领域的拓展，将从钢铁冶金拓展到有色冶金、化工和工业危废处理等领域。碳复合耐火材料具有优异的抗渣侵蚀能力和较好的力学性能，能够满足例如水煤浆汽化炉以及固废处理炉等对抗渣和还原气氛下长时间操作的苛刻要求，保证这些工业安全生产的同时，并达到工业节能减排和绿色环保的目标。

(1) 水煤浆气化炉无铬化技术。煤炭是我国的主要能源，在一次能源结构中占 70% 左右，在国民经济发展中具有举足轻重的战略地位。而高温煤气化技术是高效清洁利用煤炭的重要途径。水煤浆气化工艺中的关键设备是气化炉，其炉衬耐火材料遭受高温、高压、强还原气氛及酸性灰渣侵蚀，并承受固-液-气流的高速冲刷，服役条件极为苛刻。高铬砖材料是目前的主流内衬材料，其原材料生产成本高，且在生产、使用和用后处置过程中存在六价铬污染的风险。利用碳素原料对熔渣不润湿的特性和 Ti_3AlC_2 的韧性、特殊的"自修复"抗氧化能力，采用高温烧成工艺，开发兼具抗煤渣渗透侵蚀性和抗剥落的含 Ti_3AlC_2 的烧成低碳铝碳耐火材料，能够满足水煤浆气化炉炉衬的长寿、环境友好要求，也是高温煤气化技术发展的需要。

(2) 垃圾焚烧炉衬长寿技术。随着我国城镇化的快速发展，垃圾产量日益增加，垃圾焚烧发电已成为重要的发展方向。气化熔融炉作为新一代垃圾焚烧发电系统的关键装置，其特点是熔融温度高达 1400～1600℃，在此温度下不再产生二噁英；更重要的是，超高温焚烧后可燃气体温度高，有利于提高热电转化效率。作为垃圾气化熔融炉的炉衬材料，必须能承受垃圾焚烧过程中高温气流冲刷及熔渣侵蚀，以保证垃圾焚烧发电的有效运行。目前，气化熔融炉用炉衬材料主要为铝铬质耐火材料。出于经济和环保的要求，新型低碳复合耐火材料将可能应用于气化熔融炉内衬，这不仅为垃圾焚烧发电气化熔融炉安全运行提供材料保障，而且对含铬耐火材料的可替代性提供借鉴。

2.4.7 本研究受到国家自然科学基金项目资助情况和获奖情况

1. 获得国家自然科学基金项目资助情况

（1）碳复合耐火材料中多壁碳纳米管的表面功能修饰、树脂催化裂解形成及其在高温下结构演变研究(51072143)。

（2）碳复合耐火材料中复合纳米碳与原位形成陶瓷相协同强韧化机理研究(51372176)

2. 获得专利

中国发明专利：

（1）一种用于碳复合耐火材料的碳素原料及其制备方法(ZL201410073700.3)

（2）一种含碳耐火材料用复合碳素原料及其制备方法(ZL201310077577.8)

（3）一种耐火材料用改性酚醛树脂及其制备方法(ZL200810047051.4)

（4）一种碳复合耐火材料及其制备方法(ZL201110157588.8)

（5）一种含碳耐火材料用改性碳素原料及其制备方法(ZL201010566519.8)

3. 获得奖项

（1）2016 年度国家技术发明二等奖：冶金功能耐火材料关键服役性能协同提升技术及在精炼连铸中的应用

（2）2015 年度湖北省科技进步一等奖：低导热高温炉衬材料一体化设计与制备及工业应用

（3）2012 年度国家科技发明二等奖：高品质耐火材料制备过程微结构控制技术与工业应用

（本节撰稿人：李亚伟，廖宁，桑绍柏。本节统稿人：李亚伟，廖宁，桑绍柏）

2.5 金属材料纯净化制备新技术 ◀◀◀

2.5.1 本学科领域的国内外现状

金属材料纯净化制备新技术属于冶金工程技术领域。高端金属材料中夹杂物和气泡，

表 2-8 同规格试验钢在不同退火方式下性能的比较

方案	屈服强度/MPa		抗拉强度/MPa		延伸率/%		屈强比		硬度 /HRB	加工硬化指数 (沿轧向)	塑性应变比 (沿轧向)
	横向	纵向	横向	纵向	横向	纵向	横向	纵向			
580℃双台阶	203	203	316	322.5	43.6	43.9	0.642	0.629	47.1	0.228	2.18
550℃双台阶	204	200	311	314	44	44.9	0.656	0.637	48.6	0.232	2.08
单台阶	—	226	—	332	—	39.9	—	0.681	52.4	0.189	2.03

2. 理论创新

系统考察了 CSP 作业线生产过程中凝固态、热轧、冷轧态、退火中组织演变,掌握了基于 CSP 工艺冷轧板生产过程中组织转变规律及其影响因素,得出基于 CSP 工艺冷轧钢板再结晶进程比传统工艺冷轧钢板缓慢,再结晶完成温度较传统工艺高约 50℃。

通过对基于 CSP 工艺冷轧板生产过程中第二相的结构、数量及尺寸分布进行理化检验分析,证实了控制卷取过程中 AlN 的析出是冷轧板获得均匀饼型晶粒的重要因素,低温卷取能使钢板性能得到明显改善,有利于降低冷轧板强度。通过对冷硬及退火状态薄板进行 X 射线小角度衍射及物相定量分析,表明退火过程中渗碳体的进一步析出与粗化共存,并通过 TEM 观察得到证实;退火过程大尺寸的渗碳体增加较为明显,对晶界的钉扎作用减小,有利于降低析出强化,同时使碳在铁素体中的固溶量降低,也降低了铁素体的固溶强化,进一步降低了冷轧退火板的屈服强度。通过比较板材不同状态下渗碳体析出量与性能关系,表明生产过程控制渗碳体析出相的数量、尺寸及分布是控制冷轧板力学性能的重要因素。

通过研究基于 CSP 工艺低碳冷轧钢板生产过程的织构特征,发现 CSP 工艺热轧板织构强度高于传统工艺的热轧板,两种工艺中冷轧板织构水平基本相当,退火后基于 CSP 工艺冷轧板的有利织构强度显著高于常规板坯冷轧板。表明实际生产中需要合理地控制退火温度及保温时间,以便于得到较高的{111}面织构组分。研究也表明,低温卷取可明显抑制 AlN 析出,提升{111}<110>及{111}<112>织构强度,促进饼型晶粒组织的形成;合理控制卷取温度、冷轧压下率、退火温度、速度和高温段的保温时间,可促使 AlN 沿纵向充分析出,有利于{111}<110>及{111}<112>织构强度提升,促进饼型晶粒组织的形成。

通过在实验室研究包钢 0.55mm 厚的 SPCC 冷硬板在罩式退火过程中组织和微区取向演变规律,发现再结晶刚完成时有利织构组分较强,以再结晶刚完成时对应的温度范围作为台阶温度,进行双台阶退火工艺设计,可获得强的有利织构及均匀的饼型晶粒组织,实验试件有较高成型及力学性能,且台阶温度和台阶保温时间是关键控制因素。

3. 关键技术创新

基于基础研究结果,发现系统定量控制卷取温度、冷轧压下率、退火再结晶及晶粒长大过程加热速度及高温段保温时间,有助于提高冷轧板的性能。在该理论指导下,通过对生产工艺进行研究,发现冷轧及退火工艺的控制决定了冷轧板退火过程中组织、织构的演变,退火过程的优化控制是整个生产工艺控制的关键所在。

在实验室基础理论研究及现场生产工艺研究基础上,针对基于 CSP 工艺高附加值冷轧钢板生产,提出以"洁净钢冶炼-高温终轧-低温卷取-大压下量冷轧-优化退火工艺"为特点的成套工艺技术，实现了组织及性能控制。该技术应用于包钢薄板厂，批量生产后，经过对三年来的产品进行统计分析，表明产品质量达到常规流程同类产品水平；冷轧钢板深冲性能超过常规流程同类产品水平，延伸率达 45%以上，屈服强度降低到 220MPa 左右（双台阶退火降低到 205MPa 以下），r 值达到 1.5～2.0。

2.6.5 具体工业应用案例

冷轧薄板因固定资产投资大、生产技术难度高等复杂原因，生产发展缓慢，在我国是短线产品，其中汽车板、硅钢片和镀锡板更是短中之短，缺中之缺。家用电器涂层钢板是我国目前用量很大的冲压钢板。由于相应国产钢板的性能往往不能满足家用电器生产企业的需求，这类钢板中相当大的部分尚依赖于进口，进而提高了家用电器产品的生产成本。生产家电用彩涂钢板难度非常大，它对设备、工艺技术、操作水平和涂料质量等方面的要求非常严格。如何提高产品质量，降低成本，提高外观质量是急需解决的问题。

利用 CSP 低成本、高品质的热轧薄板，进行产品深加工，不仅可以满足家电、建筑、汽车及轻工的下游行业的消费需求，而且可以提高产品的附加价值。我国冷轧板卷生产能力尽管在近几年有了长足发展，但是无论是产量还是质量，都难以全部满足国内市场的需求。随着汽车、家电、机械、建筑和轻工等下游产业的快速发展，对冷轧板的需求将会继续增加，市场前景广阔。

包钢的钢水中含有铌、稀土等成分，柔韧性好，适于做冷轧板材。包钢总投资 27 亿元的冷轧薄板项目已经国家批准立项，开发生产彩涂钢板。包钢目前已具备年产热轧薄板 200 万 t 的生产能力。新的冷轧薄板项目以热轧薄板为原料，进一步轧制生产出的冷轧薄板，可用于汽车、电冰箱等产品的生产。由于以汽车板、硅钢片和镀锡板、彩涂钢板为主要代表的冷轧板带产品生产难度高，所以应将科研工作与课题合作单位的生产装备相结合，研究成果可直接在项目合作单位转化为生产技术。

内蒙古科技大学通过开展相关研究，在包钢集团现有钢的冶金质量基础上，开发了基于 CSP 工艺的高附加值冷轧薄板的成套工艺技术；解决了基于 CSP 工艺冷轧产品强度偏高及性能不稳定的难题，实现了薄板坯连铸连轧产品由热轧向冷轧的延伸。项目成果于 2008 年开始在包钢集团薄板厂应用，包钢冲压用冷轧成品板在汽车、家电结构和配件中得到广泛应用，图 2-57 是基于 CSP 工艺的冷轧产品，图 2-58 是工业应用部分冲压件。

研究成果应用于包钢集团薄板厂基于 CSP 工艺冷轧冲压板的生产，取得了良好的经济效益和社会效益。产品在达到传统工艺生产条件下的同类产品质量水平的基础上，由于退火时间平均减少约 8%，成品率提高 1.4%，使得 2010 年新增产值 6222.38 万元，经济效益 2930 万元；2011 年新增产值 6002.63 万元，经济效益（新增利润和节支金额）2906 万元；2012 年新增产值 5693.9 万元，经济效益 2706.6 万元。三年来新增产量 3.3 万 t，新增产值 1.79 亿元，新增税收 1400 万元，新增利润 7800 万元，因降低能源消耗节支金额 680 万元。到 2012 年底，st14r 值达到 2.5 以上，延伸率达 40%以上，屈服强度降低到 170MPa 左右。SPCC 屈服强度降低 200MPa 左右，延伸率 35%左右，性能稳步提升。同时，产品成型性能波动降低，控制在 10%以下。此外，项目成果在包钢集团的工业应用，一方面增强了企业的市场竞争力，另一方面通过产学研合作，对内蒙古自治区高附加值冷轧板材及相关领域的研究与应用起到支撑和推动作用。

2.7.4 创新性发现和突破性进展

1. 电弧炉炼钢集束供氧技术

(1)技术背景。电弧炉炼钢通常采用炉门和炉壁吹氧方式,但受炉内高温烟气流影响,速度衰减快且射流距离短,不利于切割废钢助熔及穿透熔池脱磷、脱碳。特别在电弧炉兑入铁水后,上述问题的解决更为迫切。美国 Praxair 公司开发的 CoJet 氧气射流技术难以满足复杂炉料条件下的高效脱磷及快速脱碳要求。

(2)创新内容。利用可压缩气体的高温-低阻尼特性,采用在超音速中心射流外包裹高温燃烧气体"伴随流"的方法,自主研发了射流不易衰减的集束射流技术[127,128](图 2-61)。研发了集喷吹氧气、燃气及粉剂于一体的模块化喷吹技术,形成了一套全新的适应多种炉型、不同容量和复杂炉料结构的电弧炉炼钢供氧体系,涵盖了埋入式、炉壁及炉顶等多种喷吹方式。

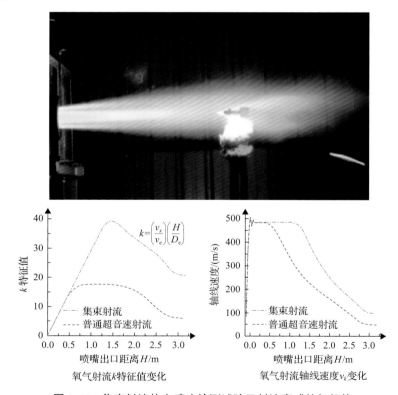

图 2-61 集束射流热态喷吹检测试验及射流衰减特征规律

v_x 和 v_e 分别为与喷嘴出口距离 H 处和喷嘴出口处的射流速度,m/s;H 为喷嘴出口距离,m;D_e 为氧枪出口直径。

研发了电弧炉熔池埋入式集束吹氧工艺[129],见图 2-62。利用双流道喷枪将氧气直接输入熔池,加快了冶金反应速度,使氧气利用率提高到 98%。建立了电弧炉埋入式喷吹计算模型(图 2-63),并推导得出了埋入式喷吹射流轴线轨迹的数学描述模型。针对埋入式喷枪易烧损，氧气流股冲刷侵蚀炉壁耐材的问题，发明了非稳态环状气旋保护技术，并采用中心主射流"保护-冶炼-出钢"控制模式，控制侵蚀速度，实现喷枪寿命与炉龄同步。发明了"氧气+粉剂"（粉剂喷吹量 10～50kg/min）和预热氧气(温度 200～500℃)提高射流冲击动能的方法，有效延长了射流冲击回旋距离，提高了钢液流动及化学反应速度。该发明将供氧方式从熔池上方移至钢液面以下，是电弧炉炼钢供氧技术的重大创新。

$$y_r = \frac{1}{KFr'\cos^2\alpha}\left(\frac{1}{6}x_r^3 + \frac{K}{2}x_r^2 + \frac{\sin 2\alpha}{2}KFr'x_r\right) \tag{2-3}$$

$$x_r = \frac{x}{d_0}, \quad y_r = \frac{y}{d_0}, \quad Fr' = \frac{\rho_{g\text{-}s}v_0^2}{(\rho_1 - \rho_{g\text{-}s})gd_0} \tag{2-4}$$

式中，α 为喷枪中心轴线与水平方向的夹角，(°)；$\rho_{g\text{-}s}$ 为气-固射流密度，kg/m³；ρ_1 为熔池中液体的密度，kg/m³；v_0 为喷枪出口射流速度，m/s；d_0 为喷枪出口直径，m；Fr' 为修正 Froude 数；K 为常数；x_r、y_r 分别为水平、竖直方向距离无量纲量；x、y 分别为水平、竖直方向的距离，m。

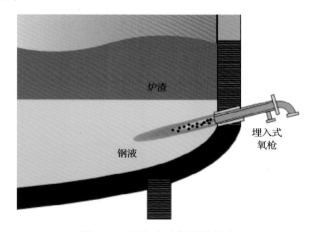

图 2-62　埋入式吹氧系统示意

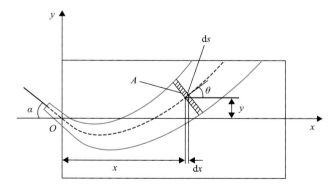

图 2-63　埋入式喷吹射流轨迹建模

ds 为水平距离 x 处基元体的轴线长度，m；dx 为基元体的 x 方向长度，m；θ 为水平距离 x 处射流速度方向与水平方向的夹角，(°)；A 为水平距离 x 处的射流面积，m²

发明了电弧炉集束模块化供能技术，包括炉壁及炉顶集束供氧方式。炉壁集束供氧方式将吹氧和喷粉单元共轴安装在炉壁的一体化水冷模块上，实现气-固混合喷射，增强了颗粒的动能，使氧气、粉剂高效输送到渣-钢反应界面，稳定泡沫渣，降低冶炼电耗，提高金属收得率，见图 2-64。研发了高铁水比冶炼的炉顶集束供氧喷吹技术，可进行供电与供氧切换，完成脱碳及脱磷等任务，见图 2-65。

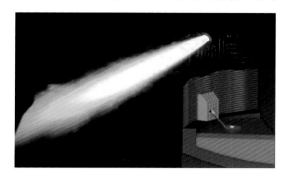

图 2-64　炉壁集束供氧

图 2-65　炉顶供电-供氧切换

2. 电弧炉炼钢同步长寿底吹搅拌技术

(1)技术背景。熔池冶金反应动力学条件差，一直是电弧炉炼钢的技术难题。电弧炉以废钢为基本原料，炉型设计具有炉膛大、熔池浅的特点，同时受废钢熔化和炉门流渣的影响，熔池搅拌强度难以提高，造成钢液成分、温度不均匀，终点氧含量和渣中氧化铁含量偏高，最终影响冶炼指标和钢材质量。20 世纪 80 年代，德国蒂森·克虏伯钢铁公司和美国联合碳化物公司等企业分别尝试在电弧炉底部安装底吹搅拌装置，但其长寿及安全问题一直未能解决。

(2)创新内容。通过建立电弧炉"气-渣-金"三相等效全尺寸模型，掌握了氧气射流、电磁场和底吹流股对熔池搅拌强度的耦合影响规律[130-132]。基于数值模拟(图 2-66、图 2-67)、水模型实验和实测数据，建立了三元耦合计算模型，首次得出熔池流动速度与侧吹氧气流量、底吹流量及供电功率三者耦合的数学表达式，为电弧炉炼钢复合吹炼工艺参数确定提供了理论依据：

$$V = 0.217\lg\left(\frac{Q_{侧}}{1094}\right) + 0.1039\lg\left(\frac{Q_{底}}{1.073}\right) + 0.0013\mathrm{e}^{\frac{S}{4539}} \tag{2-5}$$

式中，V 为熔池平均速度，m/s；$Q_{侧}$ 为侧吹流量，$Q_{底}$ 为底吹流量，Nm^3/h；S 为视在功率，$kV\cdot A$。

研发了长寿耐侵蚀底吹透气元件。基于非稳态有摩擦加热管流微分方程组算法，优化多孔气道及透气孔间隙参数设计，成功制备出具有定向多微孔型结构的 MgO-C 复合底吹元件，具备优良的透气、耐高温、抗热震、抗冲击等性能。

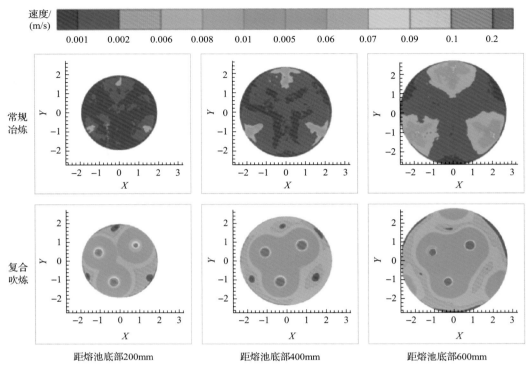

图 2-66　不同冶炼工艺熔池速度分布

图 2-67　三元耦合流场数值模拟

开发了基于电弧炉冶炼"熔化-脱磷-脱碳-升温-终点控制"的分段动态底吹工艺模型，既提高了气体搅拌效率，又减少了气液混合脉动流体对底吹元件的机械冲刷和化学侵蚀。

具有冗余功能的电弧炉底吹全程安全预警技术是底吹安全的重要保障。通过监控底吹流量、压力及温度，实现了多点、阶梯、分段的全程报警；采用弓形防渗透设计，保证了电弧炉炉底结构安全。底吹搅拌现场效果见图 2-68。

图 2-68　电弧炉底吹搅拌现场效果

3. 电弧炉炼钢高效余热回收利用技术

(1) 技术背景。电弧炉炼钢烟气带走的热量通常占总输入能量的 10%以上。由于废钢预热工艺(竖式电弧炉、双炉壳电弧炉、康斯迪电弧炉等)对原料要求高、余热利用效率偏低、设备维护量大、二噁英产生难以抑制等问题，除康斯迪电弧炉外，其他工艺已很少使用。回收热量生产蒸气是我国现有炉料结构条件下最有效的余热回收方法，但面对电弧炉炼钢过程烟气流量不均衡、温度波动大、含尘多等问题，之前国内外尚未有余热稳定回收的解决方案。

(2) 创新内容。发明了"一种电弧炉与余热回收装置协调生产的方法"。以炉气成分和温度分析检测数据为基础，建立了智能型"供电-供氧-脱碳-余热"能量平衡系统(图 2-69)，将烟气温度稳定在 450~800℃，通过延时动态管控，双蓄热水-汽动态平衡调节，保证了蒸气的稳定产出，实现了电弧炉冶炼和余热回收协同运行。

开发了带烟气余热回收装置的电弧炉除尘系统(图 2-70)，由燃烧沉降室和余热锅炉等组成。余热锅炉内部采用真空相变热管换热技术，以较小温差获得较大传热功率；发明燃气冲击波吹灰装置，利用冲击动能瞬时吹扫受热面，同时伴有高强声波震荡和热清洗作用，实现余热锅炉在线清灰，解决了热管积灰问题，提高换热效率，延长热管寿命，保证了烟气余热回收装置连续生产。

4. 电弧炉炼钢智能化吹炼集成技术

(1) 技术背景。电弧炉炼钢是一个复杂生产过程，必须根据冶炼过程的物料及能量需

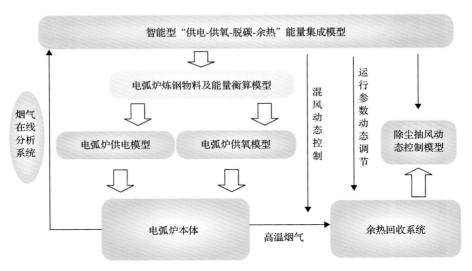

图 2-69　"供电-供氧-脱碳-余热"能量平衡

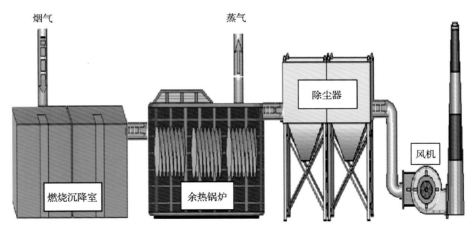

图 2-70　带余热回收装置的除尘系统

求，对多个供能单元进行协同控制，才能达到最佳供需匹配。传统电弧炉冶炼缺乏稳定可靠的烟气检测手段，钢液成分和温度无法实现连续监控，冶炼过程和终点控制模型精准度低，电弧炉炼钢复合吹炼控制难度较大。

（2）创新内容。建立了基于烟气测量分析（图 2-71）和物质衡算的熔池脱碳反应模型[133-135]，实现了熔池碳含量的预报，预测误差在±0.030%范围内的命中率为 83.7%。自主研发了非接触钢液测温方法（图 2-72），对电弧炉冶炼过程钢液温度进行实时在线监控，温度误差在±10℃范围内的命中率为 84.0%。

发明了"电弧炉能量分段输入控制方法"，建立了电弧炉冶炼能量分段、动态物料衡算预测、动态能量衡算、能量输入控制、供电和化学能输入等模块，见图 2-73。开发了电弧炉成本控制软件和电弧炉炼钢复合吹炼控制软件（图 2-74），以能耗、成本为目标，对海量数据进行筛选、评价，得到冶炼指导范例群组，应用模糊相似理论归纳总结范例的操作特征，制定最优的供电、供氧喷粉、底吹、余热回收等工艺参数，实现了电弧炉炼钢智能化吹炼的技术集成。

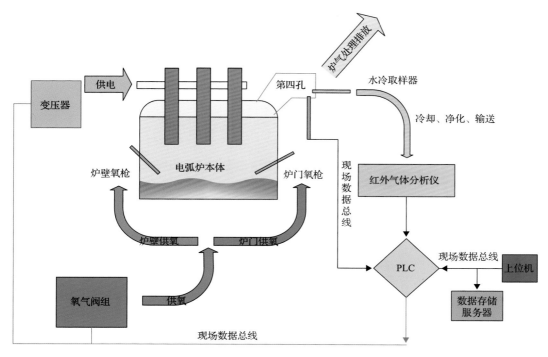

图 2-71　电弧炉烟气测量分析系统

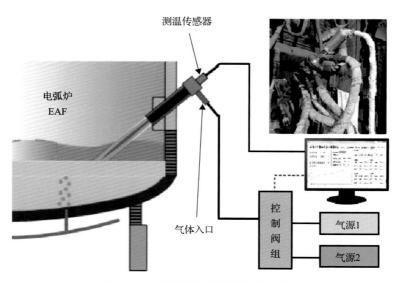

图 2-72　电弧炉非接触钢液测温系统

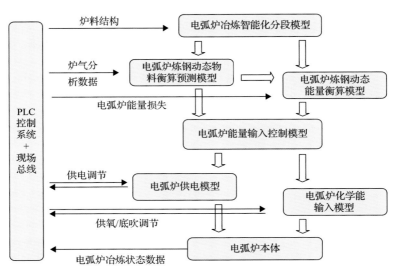

图 2-73　能量分段输入控制逻辑

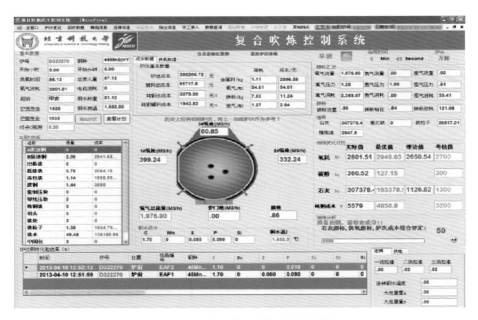

图 2-74　复合吹炼控制软件操作界面

2.7.5　具体工业应用案例

本项成果累计交付成套专利装备一百余套，销售零部件 2 万余件，整体及单元技术已覆盖全国 30%以上电炉钢产能，并出口至意大利、俄罗斯、韩国、伊朗等国。2011 年在天津钢管、莱芜钢铁、新余钢铁、西宁特钢、衡阳钢管等企业 50～150t 电弧炉应用后，

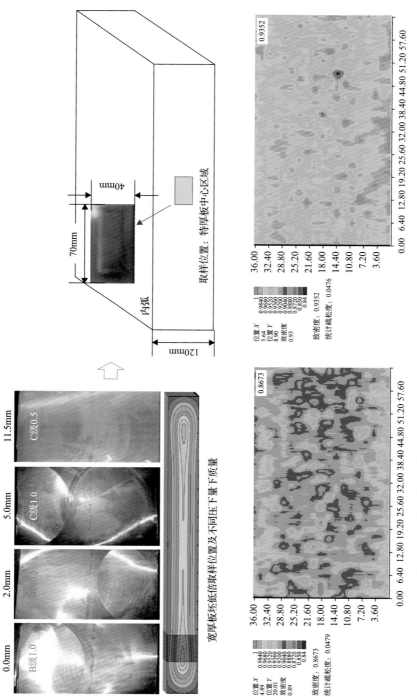

图2-98 重压下实施后铸坯中心偏析与轧制120mm特厚板中心致密度对比（原位分析法）

2.8.6 未来发展方向

连铸高效化是实现钢铁生产流程高效绿色发展的重要内涵,微合金钢连铸坯生产过程频发边角横裂纹缺陷、大断面连铸坯中心偏析与疏松是制约高品质连铸坯高效与绿色化生产的共性技术难题。东北大学所研发的基于角部高效传热曲面结晶器和铸坯角部晶粒超细化二冷控冷的裂纹控制新技术,实现了微合金钢连铸坯表面无缺陷生产,推动了微合金钢高效化连铸技术的发展。研发形成的连铸凝固末端重压下技术,全面提升了连铸坯的致密度与均质度,开辟了高端厚板/特厚板、大规格型/棒材高效低成本生产的新流程。两项技术靶向性地成功解决了高品质连铸坯"内外"难题,已成为高端品种钢高效化与绿色化生产的重要保障。

2.8.7 本研究所受国家自然科学基金项目资助情况和获奖情况

1. 获得国家自然科学基金项目资助情况

(1)高品质钢精炼与连铸过程基础理论与应用(50925415)
(2)实现低轧制压缩比制备特厚板的厚板坯连铸重压下应用基础研究(U1708259)
(3)宽大断面连铸坯凝固末端变形过程溶质偏析行为及压下工艺研究(51474058)
(4)包晶微合金钢连铸坯表层原奥氏体晶粒生长行为及高塑化控制研究(51774075)
(5)基于结晶器角部超快冷却控制微合金钢连铸坯角横裂纹的应用基础研究(51404061)

2. 获得专利

中国发明专利:
(1)一种基于热物性参数分布计算的连铸坯热跟踪计算方法(ZL201710004849.X)
(2)一种连铸坯两阶段连续动态重压下的方法(ZL201610551771.9)
(3)一种用于大方坯连铸的拉矫机渐变曲率凸型辊及使用方法(ZL201410666353.5)
(4)一种提高连铸坯凝固末端压下效果的拉矫机扭矩控制方法(ZL201510304514.0)
(5)一种板坯窄面内凸型曲面结晶器及其设计方法(ZL201510349452.5)
(6)一种连铸坯角部晶粒细化的控制系统及方法(ZL201510534316.3)
(7)一种板坯结晶器锥度设计方法(ZL201310356316.X)
(8)微合金钢连铸板坯角部立弯段强冷控制装置及控制方法(ZL201510005720.1)
(9)一种确定连铸结晶器渣膜厚度的计算方法(ZL201710140299.4)
(10)一种基于受力分析预测连铸坯初始裂纹的方法(ZL201410604899.8)

3. 获得奖项

(1)2019年度冶金科学技术奖一等奖:微合金钢板坯表面无缺陷连铸新技术研发与应用
(2)2018年度冶金科学技术奖一等奖:连铸凝固末端重压下技术开发与应用

（3）2018 年度辽宁省技术发明一等奖：基于凝固组织高塑化表面无缺陷微合金钢板坯连铸新技术及其应用

（4）2017 年度河北省科学技术进步奖一等奖：宽厚板连铸坯重压下关键工艺与装备技术的开发及应用

（5）2017 年度四川省科学技术进步奖一等奖：大方坯重压下关键工艺及装备技术开发与应用

（本节撰稿人：祭程，蔡兆镇。本节统稿人：朱苗勇）

2.9 高钒高铬型钒钛磁铁矿资源综合利用技术 <<<

2.9.1 本学科领域的国内外现状

世界范围内钒钛磁铁矿的矿藏分布很广，在我国四川攀西、河北承德、辽宁朝阳等地储量也十分丰富（储量超过 400 亿 t），其通常赋存铁、钒、钛、铬、钴、钪、镓等多种有价金属资源，综合利用价值很高，战略地位十分重要。目前，钒钛磁铁矿的冶炼主要分高炉法与非高炉法两大类，高炉法是钒钛磁铁矿综合利用的主流工艺路线，主要在攀钢、承钢、黑龙江建龙钢铁公司和俄罗斯的下塔吉尔工厂和邱索夫工厂采用，但存在泡沫渣、铁损、黏罐、炉渣黏稠和炉缸沉积等问题[165]。非高炉法曾在新西兰、南非等地采用，但目前只有新西兰的钒钛磁铁矿粉状料经多膛炉处理后采用回转窑煤基直接还原-电炉熔分工艺在生产。但无论采取哪种途径，都没有实现钒钛磁铁矿中铁、钒、钛同时且充分的回收利用，从而造成巨大的资源浪费。究其原因，一方面是由于受钒钛资源特殊性的影响，另一方面是现行工艺方法不足及科学研究不够深入所造成的。如何最大限度且高效地从钒钛磁铁矿中回收铁、钒、钛等资源，仍是今后科学研究和工业实践的重要内容。

目前世界上只有中国和俄罗斯在采用高炉法冶炼钒钛磁铁矿。苏联因技术原因最终仅仅掌握了终渣中的 TiO_2 低于 15%以下的工业技术[165,166]，如塔吉尔钢铁厂和邱索夫冶金厂的高炉冶炼终渣 $TiO_2 \leqslant 10\%$。而我国攀钢高炉冶炼所得含钛高炉渣中 TiO_2 含量高达 24%～26%，且高炉冶炼顺行，充分表明我国钒钛磁铁矿高炉冶炼技术居世界领先水平。

但是，攀钢高炉冶炼采用的是普通钒钛磁铁矿（含 Cr_2O_3 很低或基本不含），目前尚未进行高铬型钒钛磁铁矿（$Cr_2O_3 > 0.3\%$）高炉冶炼的工业化生产实践。

而攀枝花红格矿床钒钛磁铁矿为高铬型钒钛磁铁矿，储量约 36 亿 t，极具开发价值。国外俄罗斯也拥有许多同类型资源。自 20 世纪 80 年代以来，长沙矿冶研究院、四川冶金研究所、地质部矿产综合利用研究所、东北大学等单位先后开展了红格钒钛磁铁矿非高炉流程和化学法的研究，且综合开发利用技术没有真正实现产业化。另外，与之相比，高炉冶炼高铬型钒钛磁铁矿的研究十分缺乏，更没有实现工业化，因此，亟待开展相关研究。

为了实现高铬型钒钛磁铁矿资源的高水平开发利用，综合回收铁、钒、钛、铬等有价组元，促进这些钒钛铬资源的高效利用，满足国家重大战略需求，高铬型钒钛磁铁矿的大规模开发势在必行。

2.9.2　存在的主要科学问题和技术瓶颈

钒钛磁铁矿资源贫、细、散、杂的特点，给采、选、冶工艺带来了很大的困难，造成铁、钒、钛资源利用率低，且解决这些问题相当困难。究其原因，一方面是由于历史上没有把这种多金属共（伴）生矿看成是一种比普通铁矿更有价值的资源，而是简单地采用普通铁矿的选冶工艺进行加工利用；另一方面，至今没有合适的符合钒钛资源生态化综合利用的思路和技术，其结果必然造成资源综合利用率低、废弃物多、环境负荷大。

高钒高铬型钒钛磁铁矿与普通钒钛磁铁矿相比，资源更为特殊，矿物组成更加复杂，综合利用难度更大，使原料造块、高炉冶炼及钒钛铬资源综合利用变得更加困难，且国内外相关研究相当缺乏，系统集成技术尚未形成，导致目前国内该高铬型钒钛磁铁矿的开采规模很小且不够规范，还没有进行高炉火法分离工业实践，该矿中的铁、钛、钒、铬尤其是钒、铬资源尚未得到有效利用。国外如俄罗斯等地及我国攀西红格地区的高钒高铬型钒钛磁铁矿均面临急需解决的技术难题。因此如何合理、高效地利用高铬型钒钛磁铁矿，提高多金属伴生矿资源的综合利用水平，是当前乃至今后我国和世界矿产资源开发利用面临的重大课题。

2.9.3　解决思路

近十年来，东北大学钒钛磁铁矿资源利用研发团队又将研发方向由不含铬的普通钒钛磁铁矿转移到含铬型钒钛磁铁矿上，包括高钒高铬型钒钛磁铁矿（表 2-12）。关于高铬型钒钛磁铁矿的利用，同样有两种方案：东北大学与黑龙江建龙钢铁集团的烧结（球团）/高炉分离/转炉吹钒渣/钠化提钒，以国外高钒高铬型钒钛磁铁矿（TiO_2 低于攀矿）为原料，进行了多年的实验室和三座 530m³ 高炉同时冶炼的现场试验，年产 230 万 t 含钒生铁、200 万 t 钢和 7000tV_2O_5；同时，攀枝花钢铁集团选择了转底炉直接还原球团/电炉熔分/熔分渣钙（钠）化提钒，以攀西红格矿为原料，进行了多年的实验室和中试试验，取得了重要的阶段性成果，积累了大量宝贵的经验。

表 2-12　试验用铁矿粉的化学成分（质量分数，%）

铁矿粉	TFe	FeO	CaO	SiO$_2$	MgO	Al$_2$O$_3$	V$_2$O$_5$	TiO$_2$	Cr$_2$O$_3$
高铬型钒钛粉	61.42	28.63	0.32	2.54	1.20	2.95	1.03	5.05	0.58
红格 HG	56.36	27.74	0.64	2.52	2.49	2.46	0.38	11.48	0.44
红格 1	53.32	28.9	1.05	4.22	3.46	2.26	1.18	11.89	0.9
红格 2	52.53	27.08	0.67	3.69	3.26	2.34	1.11	12.89	1.03
红格 3	55.31	28.41	0.71	3.33	2.96	2.36	1.32	11.21	0.62
红格 4	56.36	27.74	0.64	2.52	2.49	2.46	1.36	11.48	0.44

为了加快我国高钒高铬型钒钛磁铁矿资源的开发利用，必须从高铬型钒钛磁铁矿矿物学特性、微型烧结基础特性出发，对冶金生产各个工艺环节进行深入、系统的科学研

3. 电磁冷坩埚定向凝固钛铝合金新技术

钛铝合金熔体的高活性、室温脆性和片层取向控制困难等问题，制约了其工程化发展。冷坩埚定向凝固技术不仅可以避免 TiAl 合金熔体污染，而且可以实现工业级尺寸定向组织的铸锭制备，极具发展意义。

本研究使用内腔横截面为 36mm×36mm 的方形冷坩埚，对 Ti-46Al-6Nb 合金进行定向凝固，随后进行了组织和性能分析。宏观组织控制是冷坩埚定向凝固的工艺基础，包括凝固界面平直化和柱状晶持续生长两个方面。基于定向凝固两个重要参数，温度梯度和凝固速率，分别通过调节功率和抽拉速度而实现。抽拉速度为 0.5mm/min 时，不同功率下的定向宏观组织如图 3-9 所示，总体上凝固界面随着功率的降低而趋向于平直化。35kW 时，凝固界面最为平直；40kW 和 45kW 时，凝固界面下凹性明显增加。当功率增大时，集肤层内产生更多的感应热，一部分通过侧向换热散失掉，另一部分则向内传递，使熔池内温度升高，将凝固界面下推。当功率为 40kW 时，其柱状晶总体定向效果最佳，这是因为其凝固界面相对较为平直，并且柱状晶可基本保持持续生长。功率的选择范围首先要考虑凝固界面的平直性，相对较低的功率有利于凝固界面的平直化。同时，功率的变化会改变温度梯度、熔池体积、凝固界面位置和电磁搅拌程度，后三者都对熔池流动场产生影响。当凝固界面前沿的热流方向紊乱时，柱状晶无法持续生长，故存在一个最佳功率，使宏观组织定向性最好。

凝固界面

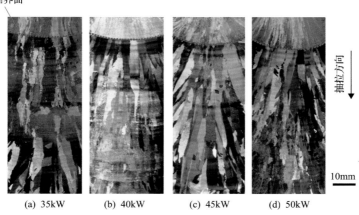

抽拉方向

10mm

(a) 35kW   (b) 40kW   (c) 45kW   (d) 50kW

图 3-9 不同功率下宏观组织

图 3-10 为不同凝固速率下的合金定向凝固宏观组织。凝固界面随着抽拉速度的增加而下凹。0.3mm/min 时，凝固界面最为平直；1.0mm/min 时的凝固界面明显下凹。当抽拉速度增加时，熔池中部的热量来不及向下导出，而靠近表面的物料可以很快通过侧向换热将热量导走，由此造成凝固界面的下凹。0.3mm/min 时的柱状晶总体定向效果最佳，这是由于其凝固界面相对较为平直，且柱状晶基本保持持续生长。0.7mm/min 时，靠近表面的晶粒出现明显的倾斜生长，这是由于下凹的凝固界面导致的。1.0mm/min 时，界面更加下凹，组织杂乱，定向生长效果很差。当功率区间为 40～45kW 且抽拉速度区间

为 0.3~0.5mm/min 时，宏观定向组织较为良好，如图 3-11 所示。

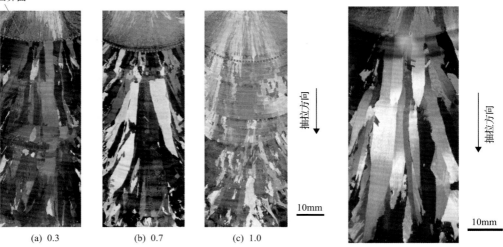

图 3-10   不同凝固速率下宏观组织（**mm/min**）   图 3-11   定向凝固组织良好铸锭

800℃下，Ti-46Al-6Nb 定向组织和铸态组织的拉伸应力-应变曲线如图 3-12 所示。由图 3-12 可看出，定向后的 Ti-46Al-6Nb 合金高温强度得到大幅提升。其中，工艺为 45kW、0.3mm/min 试样的高温强度达到 611MPa，几乎是铸态组织 312MPa 的 2 倍。另一方面，铸态合金的应变率只有 2%，而定向后合金的应变率得到较大幅度的提高，其中，45kW、0.3mm/min 试样的应变率超过了 4.5%。

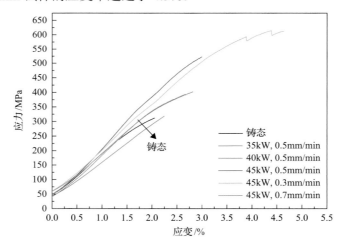

图 3-12   定向凝固与铸态合金高温性能

4. 高效电磁冷坩埚优化设计技术

冷坩埚结构设计和电热转换性能提升，始终受到研究者的关注。针对熔炼式冷坩埚，前人在磁场分布、能耗和结构等方面对冷坩埚系统的优化设计开展了大量工作，提出了结构设计准则，但没有提出体系的电磁冷坩埚优化设计方法，更不适用于定向凝固用电磁冷坩埚。定向凝固用冷坩埚的优化思路和熔炼式冷坩埚的优化思路有明显区别。从加工性和可研究性的角度上看，熔炼式冷坩埚必然采用圆筒式结构，如此可以有效降低其设计难度，并且使制造工艺极大简化。而对于定向凝固用冷坩埚，则必须要考虑材料的最终成形性，棒状坯料显然大大降低了材料的利用率。定向凝固用冷坩埚的设计更加复杂。熔炼式冷坩埚很少考虑磁场分布特点，只要求透入坩埚内腔的磁场越大越好。对于定向凝固用冷坩埚，则必须考虑内腔磁场特别是同一高度上的分布特点，评估其磁场分布特征。坩埚结构、线圈尺寸、电流参数和工艺过程都是重要影响因素，研究电磁场大小和分布是获得组织控制机理的基础，也是定向凝固用冷坩埚性能评估的重要指标，图 3-13 为定向凝固用电磁冷坩埚内磁场计算模型。本次研究建立了电磁冷坩埚结构、电学参数和炉料物性交互耦合的电磁场计算模型，研究了坩埚三维结构(坩埚壁厚、分瓣数量和形状、高度直径比等)、电学参数(电流强度、频率)、炉料物性(电导率、磁导率、导热系数等)交互作用，揭示了耦合条件下电磁场分布和变化规律，发现了影响坩埚内磁感应强度的关键因素，提出了高效电磁冷坩埚优化设计原则，电热效率提高 30%以上，能耗大幅降低；发明了高效熔炼用、定向凝固用电磁冷坩埚制造关键技术。

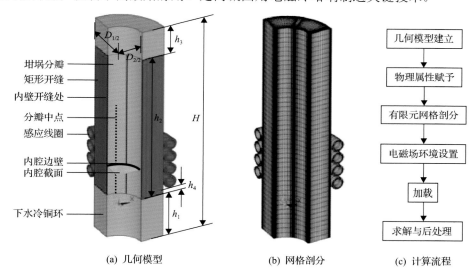

(a) 几何模型　　　　　　(b) 网格剖分　　　　　(c) 计算流程

图 3-13　定向凝固用冷坩埚电磁场计算数值模型

h_1 为坩埚下水冷环高度；h_2 为坩埚开缝高度；h_3 为坩埚上水冷环高度；h_4 为感应线圈底部距离下水冷环顶面高度；H 为坩埚整体高度；$D_{1/2}$ 为坩埚半径；$D_{2/2}$ 为坩埚内腔半径

　　研究发现磁场强弱的影响，可以指导定向凝固用与熔炼式冷坩埚的结构系统设计。对于圆形内腔坩埚，其分瓣结构使同一高度下、相同径向距离的磁场出现差异性。开缝处磁场要明显强于坩埚瓣中点处磁场，对于定向凝固用冷坩埚，这会造成物料在同一高度上受到的电磁推力不一致。磁场在开缝处较强，能够约束起比分瓣中点处更高的驼峰。同时，开缝处附近物料受到感应加热的程度也会强于分瓣中点处。由此可以推断，相比于开缝处附近物料，分瓣中点处附近的物料三相点高度值和凝壳厚度都会较大。受此影响，凝固界面的高度不均匀性就会更加突出，不利于柱状晶的定向生长。冷坩埚内的磁场大小和分布对定向凝固过程有重要影响,尽量减少坩埚瓣中点处磁场和开缝处磁场的差值,是定向凝固用冷坩埚设计时必须考虑的,而此方面的研究尚处于空白。本研究引入方差分析来研究坩埚内磁场均匀性的问题。推导出定向凝固用电磁冷坩埚磁场均匀度数学表达式:

$$U = \frac{1}{\overline{B}} \sqrt{\frac{\sum_{i=1}^{n}(B_i - \overline{B})^2}{n}} \tag{3-1}$$

式中,冷坩埚内有限个离散点,B_i 为离散点处的磁感应强度,$\overline{B}$ 为磁感应强度平均值,U 为一个无量纲数,可有效反映设定区域内磁感应强度偏离其平均值的程度,可称为磁场均匀性指数。U 值越小,说明此区域内的均匀性越高;反之,U 越大,说明区域内的磁场均匀性越低。计算结果如图 3-14 所示,发现采用薄壁厚、高的高度直径比值、低频率和最佳开缝宽度可改善内腔边壁的磁场均匀性。宽开缝、薄壁厚和较小的线圈与铜环的距离可提高内腔截面的磁场均匀性。通常,圆形内腔坩埚磁场均匀性最高,方形内腔次之,而近矩形最差。对电磁的评估发现,优化设计制造的 36mm×36mm 方形内腔冷坩埚有更佳的透磁性。相同电流参数下,特征位置的磁场得到明显提升。在内腔截面积扩大近一倍的情况下,其磁场均匀性指数略有升高。图 3-15 为电磁冷坩埚定向凝固设备实物图。

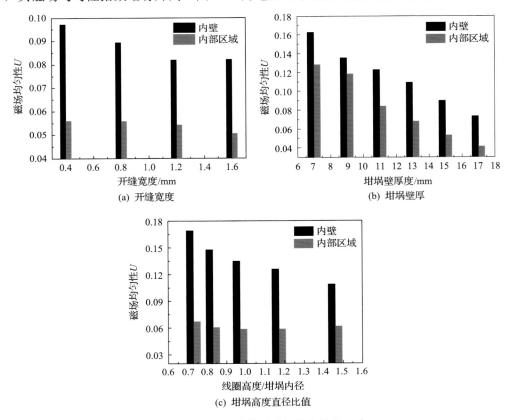

图 3-14 冷坩埚结构对磁场均匀性的影响

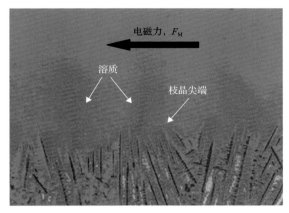

图 3-22 行波磁场下枝晶生长前沿溶质的受迫运动

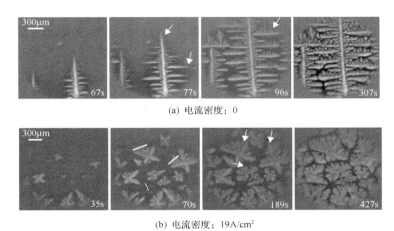

图 3-23 电场诱导的爆发形核和枝晶尖端分裂现象

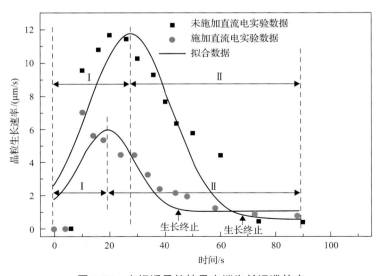

图 3-24 电场诱导的枝晶尖端生长迟滞效应

2. 非真空下 Cu-Cr-Zr 合金的成分调控与电磁成型

发明非真空下多腔熔炼和渣-气分段保护的微量活性元素成分调控技术，发明大盘重 Cu-Cr-Zr 圆坯水平电磁连铸技术，解决了含微量 Zr 等易氧化元素铜合金非真空水平连铸生产的技术难题。

1) 发明非真空下 Cu-Cr-Zr 合金的熔炼合成技术

真空熔炼 Cu-Cr-Zr 合金能够精确控制成分，但只能浇注有限重量和尺寸的铸锭，无法满足大批量高铁接触线制造的要求。为了高铁的安全运行，接触线在一个锚段 1400m 范围内要求不能有接头，因此需用高品质铸坯经轧制和拉拔而成。而非真空下该合金的熔炼和连铸需要解决以下难题：①Cu-Cr-Zr 合金 Cr、Zr 含量少(Cr≈0.5%，Zr≈0.06%)，在非真空下极易氧化，成分难以精确控制；②石墨对于铜液有精炼作用，铜铸造通常使用石墨模具，水平连铸过程一般将石墨模具一端伸入到保温炉内，但 Cr 和 Zr 极易与石墨形成化合物，不仅损耗了微量的 Cr 和 Zr，形成的化合物还可能成为夹杂；③Cu-Cr-Zr 合金熔体黏度大，且与石墨模具反应，连铸成型困难；④微量元素 Cr 和 Zr 在铸坯中极易偏析。

本项目发明的非真空下多腔熔炼和渣-气分段保护的微量活性元素成分调控技术，保证了炉内熔体的成分均匀和可调。在保温炉和结晶器之间设置由特种材料构造的"熔池"，取代此部分常规的无水冷石墨内衬，消除了 Cr、Zr 与石墨的反应。经过 Cr 和 Zr 的成分设计和优化、工艺匹配、正交实验，确定了 Cr 和 Zr 的最佳含量。

2) 发明非真空下大盘重 Cu-Cr-Zr 圆坯水平电磁连铸技术

在保温炉和结晶器之间的"熔池"外侧施加电磁扰动，使保温炉内铜液的成分和温度经电磁场均匀后进入结晶器，解决了连铸坯中 Cr、Zr 元素偏析和裂纹形成的难题，与企业合作建立了世界第一条 Cu-Cr-Zr 合金水平电磁连铸生产线，可以铸造任意长度的 Cu-Cr-Zr 合金铸坯。制定了非真空条件下熔炼-水平电磁连铸-行星轧制-热处理-拉拔的新技术工艺，填补了我国高强高导接触线制备技术的空白。生产的 Cu-Cr-Zr 合金接触线成品平均抗拉强度 610MPa，导电率 79.85%IACS，性能在国内外报道中最高。京沪高铁 2010 年在冲高段列车速度达到 486.1km/h，刷新了世界铁路运营试验最高速度，所用接触线是本成果产品。

图 3-25 是普通铸造生产的铸坯，表面裂纹严重，内部晶粒粗大、不均匀。图 3-26 是利用本成果电磁连铸技术生产的铸坯，表面光滑，内部晶粒细化、均匀，可铸造出的

图 3-25 未施加电磁场时铸坯的表面和凝固组织　图 3-26 施加电磁场后铸坯的表面和凝固组织

3.3 特种粉体材料与近终形成形技术 ◄◄◄

3.3.1 本学科领域的国内外现状

高性能特种材料具有一般材料不可比拟的特殊性能，在国防和民用高技术领域具有不可取代的关键作用。例如，金属钨是熔点最高的金属，有优异的电子发射和抗电子轰击能力，氮化铝无磁、不导电，而具有很好的导热性能[27-30]。这些特种材料产品在原子能、大功率电子器件、大动态惯导系统等高技术领域具有重要应用。随着现代装备向小型化、轻量化和高性能化方向发展，零部件的尺寸越来越小，形状和结构越来越复杂，性能要求越来越高。但是，由于此类材料往往存在硬度高、脆性大、且其性能对加工状态敏感等问题，采用传统工艺难以批量制备性能和结构尺寸均能满足使用要求的复杂形状制品，这极大限制了这类材料的有效利用，成为制约国防和民用高技术装备发展的瓶颈。粉体材料技术可自由设计材料成分和组织结构，从而精确调控材料性能，并能够实现近终形制造，体现了材料设计与材料制备的统一，材料合成与产品加工成形的统一，是高性能特种材料和绿色制造技术的重要发展方向。

粉末注射成形是将现代塑料注射成形技术引入粉末冶金领域而形成的一门粉末近终形制造新技术，其工艺流程为：将原料粉末与特定的黏结剂混合均匀并制成粒状喂料，在注射成形机上，借助加热熔融黏结剂的流动性把粉末注入模具中成形得到预成形坯，然后将黏结剂脱除并烧结致密化得到最终产品[31-34]。该技术的最大优点就是可以直接批量制备出复杂形状的零件，对于难加工的高性能特种材料，其优势更加明显，被誉为"当今最热门的零部件成形技术"[35-38]。2018 年 5 月，世界著名战略咨询机构——美国麦肯锡公司发布了一项咨询报告《Factory of the Future》，列举了未来制造业代表性的十大颠覆性技术，粉末注射成形名列第二(第一为增材制造)。

3.3.2 存在的主要科学问题和技术瓶颈

1. 原料粉体的制备与改性原理和方法

粉末注射成形要求原料粉末球形度高、粒度细且粒度分布可控，以保证喂料的流动性、填充均匀性和坯体的烧结活性[39-42]。传统工艺生产的特种材料粉末存在颗粒形状不规则、分散性和流动性差等问题，不能满足注射成形工艺的要求，需要发展新的粉末制备原理和方法。

2. 黏结剂设计理论、喂料充模流动行为和黏结剂高效脱除原理和方法

黏结剂既是粉末流动充模的载体，又是连接粉末使其保持一定形状的桥梁，其与原料粉末的相互作用、可脱除性、分解残留等性质对注射成形过程及产品性能有显著

影响[43,44]。注射成形产品的大部分缺陷如裂纹、孔洞、焊缝、粉末与黏结剂的分离等都是在成形过程中产生的，成形工艺参数的微小变化常常导致注射充模过程不稳定。"粉末-黏结剂"两相分离是导致坯体密度分布不均匀和烧结变形的主要原因。黏结剂组成、添加和脱除工艺是粉末注射成形的核心技术。

3. 烧结致密化与组织性能的精确调控

成形坯脱除黏结剂后，孔隙率高达 40%~50%，粉末颗粒间直接接触少，烧结致密化困难[45-48]。此外，高温烧结导致特种材料的晶粒非均匀长大，以及碳、氧等杂质引起的材料性能恶化一直是困扰该类材料工程化应用的瓶颈问题。因此，需要掌握烧结和热处理过程中的组织演化规律，并针对特定需求对材料组织和性能进行精确调控。

3.3.3 解决思路

针对国防装备、汽车、智能电子产品等领域的需要，围绕粉末原料制备、粉末与黏结剂相互作用及流变规律、烧结组织和产品精度控制等关键科学和技术问题开展系统研究，形成了高性能金属钨、氮化铝等特种材料粉末注射成形系统理论和方法。①为了满足注射成形工艺对原料粉末流动性、填充性和烧结活性的需要，开发了近球形微细钨粉、氮化铝粉，窄粒度分布球形钨粉等特种粉体制备和改性新技术；②为实现复杂形状构件的精确成形，设计了新型黏结剂，减少充模过程中的"粉末-黏结剂"两相分离和烧结变形，并开发了适合不同黏结剂的成形和高效脱脂工艺；③为了精确调控材料组织和性能，基于固态扩散和液相烧结原理，发展强化烧结新工艺，创立了细粒径窄分布钨粉和多孔钨孔隙结构调控新方法。图 3-31 为粉末注射成形工艺流程示意图。

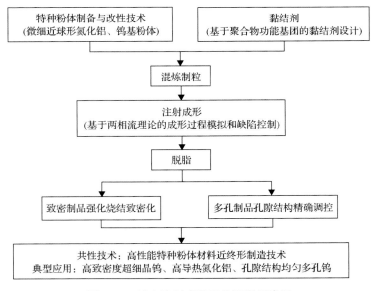

图 3-31 粉末注射成形工艺流程示意图

3.3.4　创新性发现和突破性进展

1. 开发了适合注射成形的近球形微细特种粉体制备和改性新技术

粉末注射成形要求原料粉末球形度高、粒度细且粒度分布可控，以保证喂料的流动性、填充均匀性和坯体的烧结活性。传统工艺生产的金属钨、氮化铝等特种粉体存在颗粒形状不规则、分散性和流动性差等问题，不能满足注射成形工艺的要求。

本次研究提出了基于酸根离子的化学推进剂理论，揭示了多元多相燃烧反应热力学和动力学规律，创立了溶液燃烧合成难熔金属和氮化物反应体系和工艺，制备出高分散近球形纳米氮化铝和钨基粉体。创立了"气流分级分散-等离子球化"粉体改性技术，制备出了满足特种多孔钨电极制备所需的细粒径窄分布球形钨粉。具体内容包括：

(1)溶液燃烧合成高分散高活性纳米钨基粉体。在偏钨酸铵、氧化剂和燃料的燃烧体系中引入稀土硝酸盐作为稀土源，利用尿素、柠檬酸混合燃料体系中酸根和铵根离子间的络合反应克服金属离子的偏聚，形成泡沫状网络结构，实现氧化钨的物相和形貌可控，一步得到稀土氧化物(RO_X)均匀掺杂的针状紫钨($W_{18}O_{49}$)前驱体。该前驱体的氧空位缺陷密度大，形核能低，反应活性极高，还原相变过程简化为 $W_{18}O_{49} \rightarrow \beta\text{-}W \rightarrow \alpha\text{-}W$，可在低温短时间内(700℃，2h)被完全还原，得到粒径约为 20~30nm、分散性好、掺杂均匀的钨基粉体[30]。

(2)碳热还原燃烧前驱物制备高分散近球形微细氮化铝粉体。将水溶性铝源和碳源在溶液中进行原子尺度的均匀混合，利用溶液燃烧低温快速合成出粒径细小的无定形态氧化铝和碳均匀混合的前驱物，经碳热还原得到近球形氮化铝粉体[37,41,48]。该前驱物活性极高，反应温度比传统工艺降低 200~300℃，时间缩短 2~4h，有效防止了氮化铝颗粒的聚集长大，提高了分散性。氮化铝粉末粒径小于 50nm，氧含量为 0.80%(质量分数)，满足了微型氮化铝制品注射成形的需要。

(3)"气流分散分级-等离子球化"制备细粒径窄分布球形钨粉。基于高速气流冲击作用，利用颗粒之间的相互碰撞和摩擦消除粉末团聚，与此同时，通过旋风离心分级，获得分散性好并具有特定粒度分布的钨粉。随后进行等离子球化，制备出球化率接近100%、粒径为 5±2μm 的窄分布球形钨粉，满足了孔隙结构可控的多孔钨制品注射成形的特殊需求[49,50]。

2. 开发了适合不同材料的黏结剂体系及成形和高效脱脂工艺

黏结剂既是粉末流动充模的载体，又是连接粉末使其保持一定形状的桥梁。"粉末-黏结剂"两相分离是导致坯体密度分布不均匀和烧结变形的主要原因[51-53]。黏结剂组成、添加和脱除工艺是粉末注射成形的核心技术。项目团队提出了黏结剂设计理论、建立了"粉末-黏结剂"两相分离控制和精密成形新技术，具体内容包括：

(1)提出基于聚合物功能基团的多组元黏结剂设计思想。针对钨粉与黏结剂比重差异大，容易产生两相分离的问题，设计了"高黏性聚甲醛基多组元黏结剂"，添加环烷烃基聚合物组元改善了黏结剂与钨粉的相容性和喂料流变特性，减小了成形过程中的两相分离，以及脱脂和烧结变形；开发出该黏结剂的催化与氢还原相结合的高效脱脂技术，提高了脱脂速率(达到 2mm/h)，降低了残碳含量和间隙杂质含量。为了防止氮化铝烧结过程增氧，设计了含残碳疏水性树脂类聚合物组元的"残碳型石蜡基多组元黏结剂"，通过粉末改性、混炼等技术将黏结剂包覆于氮化铝粉末颗粒表面，解决了氮化铝粉末吸潮水解的问题；开发出了负压流动惰性气氛热脱脂方法，脱脂效率提高 40%，实现坯体中碳、氧含量的精确控制[54-58]。

(2)首次将两相流理论和混沌理论应用于粉末注射成形充模过程研究。如图 3-32 所示，提出"粉末-黏结剂"两相流结构模型，揭示了比重差和黏度差是造成两相分离的本质原因，通过添加带端基官能团聚合物增加两相拖曳力，有效减少了两相分离现象。基于混沌理论，阐明了缺陷产生的不确定性机理，为模具结构设计和成形参数优化提供理论指导，减少了产品缺陷，产品尺寸精度达到±0.2%[59-61]。

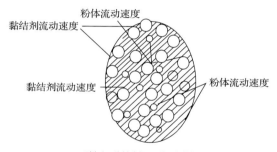

(a) "粉末-黏结剂"两相流结构模型

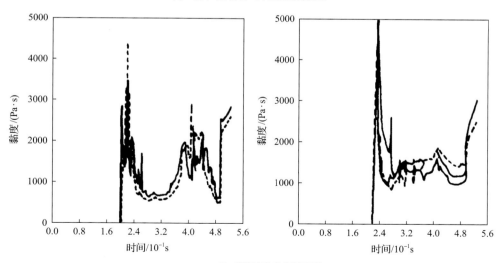

(b) 速度变化的混沌现象

2. 发明了铜包铝坯料连铸直接复合设备

发明了铜包铝坯料连铸直接复合设备,实现了保温炉金属温度和液面高度精确控制、金属连铸温度—冷却水温度—冷却水流量联动控制、组织均匀性控制和工艺集成控制,满足了工业长时间稳定连铸的需要。

1) 发明了双金属水平连铸复合原型设备,解决了工艺参数精确控制问题

根据图 3-50 所示原理,研制了工业生产原型设备(50kg/50kg 级),如图 3-54 所示。设备由复合装置(核心装置)、铜保温炉(50kg 级)、铝保温炉(50kg 级)、结晶冷却系统、牵引系统(无级调速)等组成,所有工艺参数均采用计算机测控。

图 3-54　研制的 50kg/50kg 级水平连铸直接复合成形实验设备及制备的棒坯

突破了实现水平连铸直接复合的核心装置——复合装置的结构设计与优化问题;解决了各工艺参数之间的合理匹配、两种金属凝固界面位置的精确控制问题,实现了复合界面冶金结合、界面过渡层厚度的精确可控;在实验室实现了高质量 Φ 30mm×3mm(外径 30mm、包覆层厚度 3mm)、45mm×45mm×4mm(边长 45mm、包覆层厚度 4mm)、50mm×30mm×4mm 规格铜包铝坯料的连铸成形(图 3-54)。

2) 开发了铜包铝棒坯水平连铸复合成形工业生产设备和集成控制系统

金属液的温度和金属液面高度是影响界面反应温度和反应区长度的关键因素,但在工业化连续生产过程中却容易产生较大波动,影响产品的一致性。在实验室研究的基础上,设计开发了年产 1000t、3000t、5000t 和 1 万 t 级水平连铸工业生产设备,开发了连铸过程在线检测和集成控制系统,满足了工业化长时间稳定生产的需要。

发明了连续自动精确控温的保温炉,将金属液温度波动由 10~20℃减小到 3~5℃以内;发明了"金属凝固速度—金属液流量—保温炉液位高度"可自动反馈控制的铸造系统,实现了凝固过程中液面的精确控制,保证了复合过程的稳定性,解决了铜和铝保温炉金属温度、液面高度的精确控制难题。

发明了金属连铸温度—冷却水温度—冷却水流量联动控制技术,解决了铝液与铜包覆层反应区长度和界面反应程度精确控制的难题,实现了连铸温度—冷却水出水温度—冷却水流量的联动控制,从而将反应区长度控制在 3~5mm,界面层厚度控制在 30μm 以下。

水平连铸由于凝固收缩和自重作用,在结晶器顶部和两侧产生气隙,导致铜包覆层底部组织细小、顶部粗大,这种不均匀组织会显著影响后续冷加工性能。发明了分区冷

却特种结晶器，加大上部冷却强度，在结晶器底部设置热阻，降低下部冷却强度，解决了周向冷却不均匀的问题。

实现了工艺集成控制，开发了工业化连铸复合设备：采用现场工业总线技术和工艺参数自动匹配与控制技术，实现工艺参数集成控制，提高连铸生产过程稳定性；自行设计、开发了年产 3000t 连铸复合设备 2 台，1000t、5000t、1 万 t 级连铸复合设备各 1 台；迄今已生产 Φ30～50mm、40mm×40mm～110mm×110mm 共 23 个规格、3 万 t 铜包铝复合坯料(图 3-55)。

图 3-55　开发的 3000t 级工业化连铸复合设备及生产的复合棒坯

3. 发明了用于生产高性能复合扁排、扁线和圆线产品的 3 种短流程高效加工工艺

发明了以连铸直接复合-控制成形加工为主要特征，分别用于生产高性能复合扁排、扁线和圆线产品的 3 种短流程高效加工工艺[104-106]，解决了两种金属协调变形控制、变形工艺制度优化、边裂与复合界面质量控制等关键技术难题。

(1)揭示了轧制加工过程中双金属的流动行为，阐明了铜包铝轧制过程中产生边裂的机理[107,108]，发明了特种孔型轧制技术[109]，解决了铜包铝复合材料轧制成形的难题。

采用数值模拟和实验相结合的方法，分析了铜包铝轧制变形金属流动规律，发现由于双金属流动不均匀，在轧件边角部位和侧边部的包覆层金属存在较大附加拉应力是产生边裂的主要原因。基于研究结果，发明了特种孔型设计与轧制工艺，即平轧时限制宽展，立轧高向负圆弧孔型，对窄边金属施加较大的压缩变形，消除附加拉应力，防止窄边边裂。

(2)发明了强制润滑控制拉拔成形技术，解决了铜包铝复合材料拉拔成形过程中变形不协调、包覆层开裂难题。

由于铜和铝的变形性能不同，铜包铝拉拔成形时容易包覆层开裂，严重影响成材率。为此，针对双金属复合材料的变形特点，发明了基于最小流动阻力配模设计、特种润滑锥强制润滑、定径带加工作带双区变形控制的特种拉拔技术，提升了铜铝的协调变形能力，解决了容易产生铜包覆层开裂、波纹等缺陷的难题。

(3)发明了铜包铝复合材料快速感应连续退火技术，显著提高了产品的性能。

铜包覆层和铝芯再结晶温度不同，电炉退火时高温停留时间较长，界面层明显增厚，显著降低界面结合性能。为此，发明了快速感应连续退火技术[110,112]（图 3-56），利用感应加热升温快的特点，适当提高退火温度，不仅兼顾了铜和铝的退火要求，而且可以防止界面层厚度明显增加，感应退火后产品的延伸率由电炉退火的 25%左右提高到 38%左右[112]（图 3-57）。

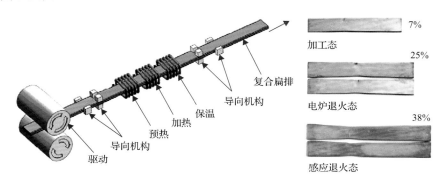

图 3-56 感应连续退火原理及效果

图 3-57 开发的铜包铝产品成套生产装备及规模生产的棒坯和扁排产品

(4)基于发明的上述关键技术，开发了适合于不同类型产品(扁排、扁线、圆线)的典型生产工艺。

扁排、扁线：复合棒坯→轧制(孔型)→退火→定型拉拔(→退火)→产品。

圆线：复合棒坯→轧制(孔型)→退火→多道次拉拔→退火→产品。

上述工艺的特点：设备组成简单，投资小；易于实现大规模工业生产；工艺流程缩短 40%～60%，节能 30%～40%；产品综合成材率提高 20%～30%，成本降低 30%～50%。

4. 发明了高性能铜铝复合材料产品生产成套关键装备与系统集成技术

发明了连铸复合、成形加工、快速感应退火等高性能铜铝复合材料产品生产成套关键装备，开发了规模产业化系统集成工艺与成套装备技术，建成了高性能铜包铝复合材料成套生产线，实现了高性能铜包铝复合材料的规模化生产与应用[113]。

发明了铜包铝扁排、扁线产品特种孔型轧制设备、强制润滑拉拔设备、连续感应退火设备及其关键控制装备，与复合连铸设备一起，构成了扁排、扁线成套生产装备(图 3-57)；自主研制了生产全过程集成控制与管理系统；开发了规模产业化系统集成工艺与成套装备技术；建成了 3000t 生产线 2 条，1000t、5000t、1 万 t 级生产线各 1 条，在建年产 10 万 t 级生产线。

2010 年以来，实现了工业化生产，开发了 12 种规格复合铸坯，23 种规格扁排、扁线产品(图 3-57)，制定了新产品国家标准 2 项，美国 ASTM 国际标准 1 项，累计已生产铜包铝复合扁排、扁线 3 万多 t，实现了规模化工业生产，并在新能源、电器设备、高速交通等领域获得广泛应用，产品出口到美国、欧洲、韩国等发达国家，通过了国际电器巨头 ABB、施耐德、LS 产电(韩国)等公司的严苛认证并被采用。

3.5.5 具体工业应用案例

本研究专利技术已转让 4 家企业实施，其中两家企业实现了规模生产，超细丝材技术在北京科技大学实施应用。

(1)烟台孚信达双金属股份有限公司：该公司为铜包铝复合导体专业生产企业，2008 年开始实施，在国家 863 计划项目、山东省成果转化重大专项的支持下，于 2009 年建成年产 1000t 铜包铝复合材料生产线，实现小批量生产；2011～2012 年先后建成年产 3000t 生产线 2 条，2013～2014 年建成万吨级生产线 1 条，实现了系列化产品规模生产。累计生产铜包铝扁排、扁线产品 5 万余 t，并规模应用于新能源、电力电器、电子通讯、高速交通等领域。

(2)华鹏集团公司：该公司为全国三大建筑母线槽生产企业之一，纯铜扁排的年使用量达 3 亿元人民币以上。应用本研究专利技术，2010 年建成了年产 5000t 铜包铝复合扁排生产线 1 条，实现批量生产，替代纯铜扁排应用于本公司的新型母线槽和开关柜、控制柜方面，大大降低了成本，显著提升了企业的竞争力。

(3)2005 年以来，应用本项目技术先后为长征三号系列火箭研制了关键材料——超细铜包铝复合扁丝和超细银包铝复合圆丝，实际应用于"嫦娥工程"、"北斗卫星"等重大工程，解决了急需。

3.5.6 未来发展方向

本项目技术具有广阔的推广应用前景。目前，电力、建筑、冶金、化工等领域导电纯铜扁排的年用量在 140 万 t 左右，技术可全部采用铜包铝复合扁排替代。据估算，2013

年我国信号传输、电磁线、电力电缆、绕组线用等领域的铜总用量超过 500 万 t，其中 30%(约 150 万 t)可用铜包铝复合导体替代。纯铜扁排和纯铜导线约 300 万 t 纯铜产品可用铜包铝替代，约需要铜包铝复合材料约 150 万 t。生产铜包铝复合材料 50 万 t 可以替代纯铜 100 万 t。按铜包覆体积比平均为 25%~30% 计算，可节省用铜 65 万~70 万 t，增加用铝 20 万~25 万 t，节省原材料成本 300 亿~320 亿元，减少铜资源进口 7% 左右。经济效益和社会效益显著，尤其对于确保国家资源安全具有重大意义。

因此，根据国内外技术发展趋势和市场的需求，未来的发展目标是：在现有工作基础上，努力扩大技术优势，推动技术与材料大规模应用，将我国建设成为高性能铜铝复合材料技术开发、关键装备研制、成套工艺装备集成基地。

为此，未来主要具体开展以下研究开发工作：

(1)断面宽度 100mm 以上大规格铜包铝复合电力扁排和面向航空航天应用的新型高性能铜铝合金复合材料生产关键技术与规模产业化；

(2)关键装备研制、标准化开发与成套工艺装备集成；

(3)产品评价与应用研究、用户技术研究；

(4)下一代连铸复合技术、连轧加工技术、连续退火技术及关键装备研发；

(5)材料在国家重大工程应用技术研究。

3.5.7　本研究受到国家自然科学基金项目资助情况和获奖情况

1. 获得国家自然科学基金项目资助情况

(1)双金属复合材料双结晶器连铸直接成形理论与工艺基础(50074008)

(2)金属控制凝固与控制成形的基础研究(50125415)

2. 获得专利

(1)多层复合材料一次铸造成形设备与工艺(ZL98101042.3)

(2)一种包复材料一次铸造连续成形设备与工艺(01109076.6)

(3)一种包覆材料水平连铸直接复合成形设备与工艺(200610112817.3)

(4)一种高性能铜包铝矩形横断面复合导电母排及其制备工艺(200810057668.4)

(5)一种铜包铝复合扁线及其制备方法(200810057667.X)

(6)一种铜包铝复合导线的短流程制备方法(200810057669.9)

(7)铜包铝复合细扁线及其制备方法(200710178703.3)

(8)异型断面铜包铝复合材料的连铸直接成形模具及其制备方法(201110207269.3)

(9)一种实现周向均匀冷却的水平连铸结晶器(201110207276.3)

(10)一种铜包铝复合母排的制备工艺(201010225901.2)

(11)一种包复材料受压顶出充芯连铸精细成形的设备与工艺(200910084731.8)

(12)一种铜包铝排型材压力连铸轧制工艺(201110239178.8)

(13)一种双金属包长碳纤维复合材料压力充芯连铸设备与工艺(201210100221.7)

(14)一种铜包铝复合材料界面厚度与性能调控退火方法及装置(201310173160.1)

(15) 一种铜包铝复合扁排感应连续退火设备及其工艺(201310753340.7)

(16) 用于铜包铝复合扁排性能调控的高频感应退火装置及工艺(201310753315.9)

(17) 一种高性能铜包铝复合材料特种成形加工方法(201610484177.2)

(18) 一种铜包铝复合材料高效连铸成形设备及工艺(201610496178.9)

3. 获得奖项

(1) 2014 年国家技术发明二等奖：高性能铜铝复合材料连铸直接成形技术与应用

(2) 2010 年教育部技术发明一等奖：铜包铝复合材料连铸直接成形技术与应用

(3) 2010 年中国产学研合作创新成果奖：铜包铝复合材料连铸直接成形技术及产品开发

(4) 2013 年北京市发明专利一等奖：一种包覆材料水平连铸直接复合成形设备与工艺

(5) 2014 年中国发明专利奖优秀奖：一种包覆材料水平连铸直接复合成形设备与工艺

(本节撰稿人：谢建新，刘新华。本节统稿人：谢建新，刘新华)

3.6 复杂锡合金提纯新技术 ◀◀◀

3.6.1 本学科领域的国内外现状

锡是十大有色金属之一，是我国重要的战略和特色优势资源，也是现代高技术领域不可或缺的基础材料，广泛应用于机械制造、航空航天、电子信息等领域。我国锡的储量、产量和消费量长期位居世界第一位。2018 年，全球精锡产量 36.0 万 t，中国精锡产量 18.8 万 t[114]。云南锡业集团(控股)有限责任公司(以下简称"云锡集团")是全球最大的锡冶炼企业，云南乘风有色金属股份有限公司、江西新南山科技有限公司、广西华锡集团股份有限公司的锡产量也位居世界前十位。

精锡产量主要来源于锡矿石冶炼，超过 15% 的精锡来源于含锡废料再生回收。由于锡矿组成和含锡废料来源的变化，冶炼得到的粗锡中杂质种类逐渐增多，杂质含量也不断增大。杂质元素主要为铜、铁、砷、铅、铋、锑等，需要进一步提纯才能供下游产业使用。

粗锡精炼提纯有火法和电解两种工艺。电解工艺提纯粗锡存在环保压力大、成本高、电解过程大量金属积压等不足，世界上绝大多数炼锡厂采用火法工艺。

粗锡火法精炼工艺是由一系列连续作业组成，每种作业能够去除一种或多种杂质，而有些杂质需要在几道作业中逐步除去，主要工序包括：离心除铁；凝析除铁、砷；加铝除砷、锑；加硫除铜；结晶分离除铅、铋；真空蒸馏除铅、铋。

3.6.2 存在的主要科学问题和技术瓶颈

随着我国锡矿资源的贫化和复杂化，熔炼出的粗锡中杂质元素呈现复杂性与多样性，

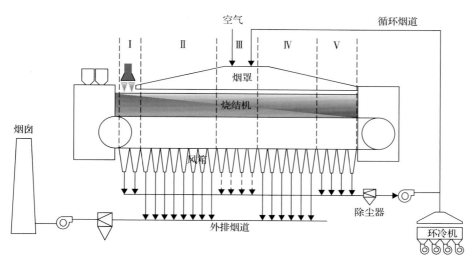

图 4-5　区域选择性烟气循环烧结工艺流程图

Ⅰ区：烧结点火段（占烧结机 1/12），高 O_2 和低 $H_2O(g)$；Ⅱ区：点火结束至 SO_2 释放（占 1/3），高 NO_x、高 CO_x 和高 $H_2O(g)$；Ⅲ区：烟气水分开始下降至干燥预热结束（占 1/6），污染物浓度较高，$H_2O(g)$ 下降；Ⅳ区：SO_2 和污染物浓度最高的区域（占 1/4），高温、高 $PM_{2.5}$、高 SO_2；Ⅴ区：烧结末段（占 1/6），高 O_2、高温和低 $H_2O(g)$

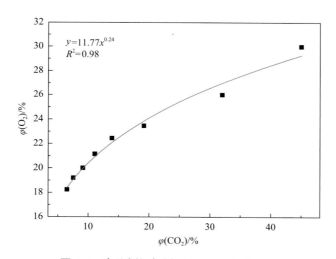

图 4-6　高比例烟气循环 CO_2 和 O_2 的关系

（2）在富氧的基础上，开发烟气性质调控方法，选择性循环Ⅱ和Ⅲ区域烟气，控制循环烟气中 SO_2、NO_x 等的含量，使之满足烧结和最大化减排的要求，CO、NO_x 的减排比例达到 40%～60%、20%～50%（图 4-7），且外排烟气 CO_2、SO_2 浓度明显富集，提升了后续烟气处理的脱硫效率，有利于 CO_2 的捕集回收。

本课题开发的区域性烟气循环新工艺，是依据烟气排放特征和我国节能减排的需求而设计，相比 Siemens VAI 的 EPOSINT 工艺，新的烟气循环工艺可以在烧结指标不受影响的前提下，将循环比例提高到 40%（表 4-3）；而相比荷兰 Corus 钢铁厂开发的 EOS 工艺、德国 HKM 开发的 LEEP 工艺，新的烟气循环工艺可以在同等较高比例循环条件下，

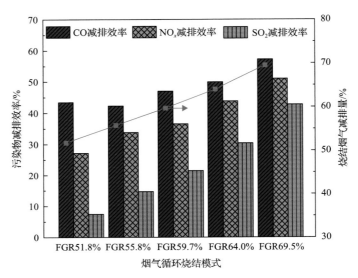

图 4-7 高比例烟气循环污染物减排效果

表 4-3 循环烟气工艺比较

循环模式	循环比例/%	循环烟气组成特性		气体污染物减排率/%			对烧结指标的影响
		$\varphi(O_2)$/%	T/℃	SO_2	NO_x	CO	
区域性烟气循环(本课题)	41.9	18.06	276	8.15	28.6	24.85	无明显降低
富氧-高比例烟气循环(本课题)	>50	富氧	200	3~20	20~50	40~60	无明显降低
EOS(荷兰)	40~50	14~15	120	15~20	30~45	50	冷态强度降低
LEEP(德国)	47	12~15	150	27~35	25~50	50~55	产量降低
EPOSINT(奥地利)	25~28	13.5	—	25~30	25~30	30	无明显降低

确保烧结指标不受影响。当烟气循环比例超过 50% 时，本课题开发的富氧-高比例烟气循环工艺，通过适度富氧，确保烧结的产量和质量指标不受影响，同时可以实现 CO、NO 等多种污染物的高比例减排。

3. 开发了烟气循环减量耦合末端治理的多污染物综合减排技术

采用烟气循环与末端治理方法结合，主要利用烟气循环的四个有利作用：①利用循环的热废气降低能源消耗；②尽量提高烟气的循环量，减少烟气的处理量；③在烟气循环过程消纳和降解 CO、NO、二噁英等污染物；④利用烟气循环的调节作用，调控外排烟气的温度和组成，使其满足烟气净化工艺的要求，提高污染物的净化效率。因此，基于烟气循环的烟气减量、污染物减排的作用，以及调控外排烟气性质的作用，开发了多个烟气循环与末端高效治理相结合的协同减排新技术[19-28]，实现了多污染物的综合治理。

开发了一种铁矿烧结烟气污染物的综合处理工艺[27]，采用合理烟气循环结合活性炭处理方法，实现烧结烟气中 SO_x、NO_x、CO_x、PCDD/Fs 和粉尘污染物的综合高效减排：

通过区域选择性烟气循环，结合循环部分环冷机冷却热废气，控制进入烧结料层的烟气特性为：温度 200～250℃、$\varphi(O_2) \geqslant 17\%$、$\varphi(CO_2) \leqslant 6\%$、$\varphi(H_2O(g)) \leqslant 8\%$、$\varphi(SO_2) \leqslant 500ppm$。循环后，Ⅳ区高 SO_2 烟气和Ⅱ区高 NO_x、$H_2O(g)$ 烟气采用活性炭净化工艺，调控烟气特性为：温度 110～120℃、$\varphi(O_2)$ 8%～11%、$\varphi(H_2O(g))$ 11%～15%。通过控制循环烟气和净化烟气的性质，最大程度减少烟气排放量，提高活性炭脱硫脱硝效率，SO_2 脱除率达到 90%以上，NO_x 脱除率超过 70%。

设计和开发了一种基于烟气循环的烧结烟气分段高效脱硫脱硝工艺和低成本减排技术[28]（图 4-8）：将Ⅲ区低温、高 NO_x、低 $H_2O(g)$ 的烟气，与烧结环冷热废气合并后进行循环利用，确保循环烟气 $\varphi(O_2) \geqslant 15\%$～18%、温度≥100℃，循环至Ⅱ区对应的烧结料面，将 NO_x 富集在Ⅱ区烟气中；将Ⅱ区烟气、Ⅳ区后段烟气、Ⅴ区烟气合并后进入脱硝烟道，保证脱硝烟气温度不低于 200℃，不需对烟气进行加热即可采用中温催化剂的选择性催化还原法（selective catalytic reduction，SCR）法进行脱硝，解决了现有技术中烟气再加热后脱硝存在能耗高的缺陷；将Ⅳ区前段 SO_2、重（碱）金属排放浓度最高的 2～3 个风箱烟气与Ⅰ区烟气合并进行脱硫，其 SO_2 和 NO_x 分别富集在烧结机特定区域排放，大大降低了烟气的处理量，实现烟气经济、高效脱硫脱硝，降低脱硝设施投资成本 35%～50%，降低脱硫脱硝运行费用 30%～40%。

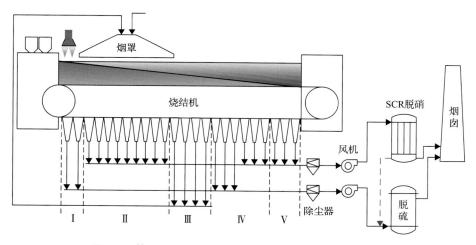

图 4-8 基于烟气循环条件下的分段式高效脱硫脱硝工艺

4.1.5 具体工业应用案例

针对宁波钢铁有限公司（以下简称"宁钢"）486m² 烧结机，中南大学与宝钢研究院合作，系统揭示了宁钢高比例褐铁矿原料结构条件下，循环烟气组成、温度等性质对烧结过程的影响规律，构建了适合宁钢烧结原料的合理烟气循环模式，开发了烟气循环条件下燃料燃烧和烧结成矿的优化技术。研究结果用于指导宁钢国内首套烟气循环烧结工艺（图 4-9），运行效果良好。

图 4-9　宁钢烟气循环烧结工艺

　　宁钢烧结烟气循环示范工程成功运行后，每吨烧结矿的工序能耗下降 2.6kgce/t，烟气排放量减少 20%～30%，降低了 NO_x、CO_x 等多种污染物的排放 (表 4-4)，对烧结过程的影响相对较小，而节能减排的效果明显[29]，对我国大型烧结机烟气循环工艺技术的产业化起到了示范作用和重要推动作用。

表 4-4　宁钢烧结烟气减排数据核算[29]

项目		单位	实测数据	
			烟气循环	烟气不循环
烟气总排量		万 Nm^3/a	311108.83	—
		$Nm^3/t_{矿}$	620.23	—
减排率		%	22.32	—
循环率		%	24.63	0
烟气有害成分年度排放量	CO_2	t/a	1247657.46	1291554.08
	CO	t/a	72567.06	73101.77
	NO_x	t/a	2228.21	3229.40
	SO_2	t/a	4128.42	4741.60
烟气有害成分年度减排量	CO_2	t/a	43896.62	—
	CO	t/a	534.71	—
	NO_x	t/a	1001.19	—
	SO_2	t/a	613.18	—

　　2018 年中冶长天国际工程有限责任公司以下简称"中冶长天"、中南大学联合多个钢铁企业制订了《烧结烟气循环设计标准》团体标准，中南大学的研究成果为团体标准中"烟气循环工艺流程和配置"的核心内容"气体介质条件对烧结的影响、烟气循环适

(2) 一种烧结铁矿石液相粘结特性的检测方法(ZL201010134961.3)

(3) 一种铁矿烧结混合料适宜制粒水分的快速检测方法(ZL201010525686.8)

(4) 一种强化铁矿烧结的液态粘结剂及其制备和应用方法(ZL201110431011.1)

(5) 一种生物质燃料用于强化难制粒铁矿烧结的方法(ZL201110250579)

(6) 一种检测铁精矿成球性能的方法(ZL201210127343.5)

(7) 一种强化高比例铁精矿烧结的方法(ZL201310417934)

(8) 一种基于主抽风机变频调控的烧结过程状态智能控制方法(ZL201510526333.2)

(9) 一种铁矿烧结过程状态的软测量方法(ZL201510479249.X)

2) 中国计算机软件著作权

(1) 铁矿烧结优化配矿技术经济系统(2012SR092545)

(2) 铁矿烧结矿化学成分控制专家系统(2012SR064983)

3. 获得奖项

2012 年国家科技进步二等奖：难造块铁矿资源制备优质炼铁炉料的关键技术

(本节撰稿人：范晓慧，甘敏，陈许玲，黄晓贤。本节统稿人：范晓慧，甘敏，陈许玲，黄晓贤)

4.3 复杂难处理资源可控加压浸出技术 ◀◀◀

4.3.1 本学科领域的国内外现状

2018 年我国十种有色金属产量 5688 万 t，已连续 17 年稳居世界首位，但随着产能和消费的不断增加，矿产资源严重短缺，对国外依赖程度加剧，复杂难处理矿比例增大，这种状况还将长期存在；污染物排放总量居高不下，二氧化硫和微细粒粉尘是造成环境污染和雾霾的重要因素之一，越来越受到资源和环境刚性约束。开发西部矿产资源和走出去开发国外矿产资源是大势所趋，受生态环境、硫酸市场等因素制约，原有传统冶炼方法已不适应新形势下资源开发的需求，亟须清洁冶炼技术创新，以加快我国向矿业强国的转变。

加压浸出作为一种湿法冶金过程强化技术，具有反应速度快、浸出率高、无烟气和粉尘排放等优点[62-64]。如表 4-9 所示，加压浸出技术在 1887 年首次用于铝土矿溶出，目前约占世界总产能的 90%左右，另外还在铀、镍、锌、金等领域进行了工业应用，用于铀矿、红土镍矿和硫化镍矿、锌精矿等矿产资源的浸出，难处理金矿预氧化等，但实际应用还很不普遍，总体应用比例平均不足 10%，工业生产中仍以传统火法工艺为主，技术优势并没有充分发挥出来。

表 4-9 加压浸出应用情况

时间	应用领域	占世界总产能比例/%
1887 年	铝土矿溶出	~90
1950 年	铀矿浸出	<5
1950 年	红土镍矿和硫化镍矿浸出	~25
1980 年	锌精矿浸出	<5
1980 年	难处理金矿预处理	<10

加压浸出技术在国外已广泛应用于铝、锌、镍、铀、钴、铜、黄金等行业[65-69]。在铝行业中,采用管道高压浸出溶出铝土矿已在全世界得到推广应用,我国也普遍采用该技术。1981 年,加拿大首先在全世界建设了第一座锌精矿加压浸出 Trail 工厂,之后又建成了 Kivcet 炼铅,实现了铅锌联合冶炼工艺[70-72]。随后,在加拿大哈德逊湾、德国鲁尔、日本饭岛、哈萨克斯坦哈锌公司建成了锌加压浸出工厂[73-76],但德国鲁尔、哈萨克斯坦工厂都相继关闭了。中国第一座锌精矿加压浸出厂是 2009 年中金岭南丹霞冶炼厂建成投产 10 万 t 锌的湿法厂,现运转良好[77]。之后,西部矿业、呼伦贝尔驰宏矿业的铅锌冶炼工程、四川会理鑫沙锌业等相继建成投产锌加压浸出工厂[78, 79]。加压浸出技术在镍冶炼方面的工业应用开始于 20 世纪 90 年代,我国新疆有色阜康冶炼厂、吉林镍业和金川公司相继建成投产硫酸选择性加压浸出工厂,该技术已成为国内外的硫化镍精矿冶炼的主流工艺[80]。在黄金冶炼行业,美国等早在 20 世纪 90 年代已采用加压浸出处理毒砂型金精矿[81],我国在 2017 年率先由紫金矿业将加压浸出技术在黄金行业实现工业化,在贵州水银洞金矿建成了国内第一座金精矿加压浸出工厂。

加压浸出技术虽然属于清洁冶炼工艺,并且在铝、锌、镍、铜等大宗有色金属行业得到应用,但与该技术的鲜明特点相比,其优势还没有充分发挥出来,其中存在的问题和工程化难题尚未得到完全解决。

4.3.2 存在的主要科学问题和技术瓶颈

矿冶科技集团有限公司(原北京矿冶研究总院)长期致力于复杂难处理矿产资源的加压浸出技术研究工作,经过深入研究,该团队认为阻碍加压浸出技术推广应用的主要原因有以下 4 个方面。

(1)对加压浸出过程主要机理认识不清。处理原料伴生元素多,物相组成复杂,前期对加压浸出过程机理研究多针对主元素主矿物进行,对伴生矿物如黄铁矿、硫等过程氧化机理认识不清,有待进行深入研究。

(2)反应不可控,副反应或无用反应多。反应过程多在高温、高压、富氧的条件下进行,具有反应速度快、金属综合回收率高的优点,但实际反应中也导致副反应多,未实现目标金属高效浸出、无效反应最小化、高温除杂等目的,造成生产成本高,这是问题的实质。对典型含锌40%、含铁15%的精矿来说,生产 1t 锌,锌仅消耗氧气 175m³,而其中的黄铁矿氧化需要消耗氧气 617m³,会产出 5t 多废渣。

(3)未普遍用于传统流程的优化改造升级。在技术开发及工业设计中,多将加压浸出技术作为一项新流程独立使用，用于企业新建项目，并未考虑将加压浸出与传统工艺流程有机结合，充分利用新老工艺技术优势，实现资源的综合利用，简化工艺流程，扩大企业产能。

(4) 并未在危险固废资源化和无害化方面发挥重要作用，实现清洁生产。加压浸出工艺的研究及应用主要针对高品位硫化矿进行，如锌精矿、铜精矿、红土矿及高冰镍等，在二次物料尤其是高砷物料等处理方面尚无研究先例。

4.3.3　解决思路

研究团队经过 30 多年的基础理论、新技术和工程化应用 3 个层面的系统研究，阐明了不同矿物和元素在加压浸出过程中的迁移规律和作用机理，提出了加压浸出过程"最小化学反应量原理"的总体思路[82]，即有用反应趋于最大化、无用反应趋于最小化。在该原理的指导下，聚焦铜、锌、镍、钼等复杂难处理资源，揭示了浸出过程目标金属、铁、硫的变化规律，构建了可控加压浸出反应体系和过程调控机制，在工艺技术创新上取得了一些突破。通过可控的加压浸出，简化了工艺流程，降低了建设投资和生产成本，从而使加压浸出技术更具竞争力和良好的应用前景。

总体来说，项目内容可以概括为一个原理、四个发明、六项技术，即以最小化学反应量原理为核心，形成了硫氧化可控、铁可控、目标金属可控和砷可控四个发明点，围绕四个发明点，开发了六项核心技术：硫氧化可控形成了低温低压加压浸出技术、铁可控形成了红土镍矿逆向浸出技术和锌冶炼常压加压联合技术、目标金属可控形成了镍精矿一步全浸技术和低品位钼精矿加压浸出技术、砷可控形成了硫化砷渣加压浸出技术，具体见图 4-22。

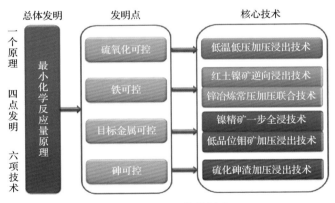

图 4-22　项目技术思路

4.3.4　创新性发现和突破性进展

1. 研究发现了加压氧化浸出反应历程，填补了国内外空白

在可控机理研究方面，系统研究了硫化矿的氧化行为，确定了硫化氢为中间过程的

机理。低温下以硫间接氧化为主，易形成独立固态硫，不包裹未反应矿物。黄铁矿氧化与温度密切相关，在低温条件下基本不氧化，可以实现与其他矿物的选择性浸出。对硫化物氧化次序进行了系统研究，发现部分硫化物直接氧化分解成硫酸根的趋势较大，如黄铁矿和镍黄铁矿等；研究发现银黝铜矿最难氧化，黄铁矿和黄铜矿较难氧化，闪锌矿等易于氧化。可以充分利用这些差异，实现加压浸出过程可控，也就是主要用来减少无用反应。在铁的形态可控基础研究方面，研究了高温水解机理，掌握了赤铁矿沉淀规律，铁的沉淀不仅与温度相关，而且与酸度相关。在一定温度条件下，如 150℃，铁沉淀放出的酸足以浸出主金属，进而实现同时除铁与浸出。在产物形态方面，通过对钼的产物改性，降低钼在溶液中的溶解率，易于液固分离，实现钼走向可控。对硫化砷浸出和氧化动力学趋势的研究发现，在铜离子的催化下，可以实现三价砷酸向五价砷酸的直接转化。

2. 发明点 1：硫氧化"可控"加压浸出技术

发明了硫化矿低温低压加压浸出，其特点是在硫熔点以下进行浸出，消除熔融硫对未反应矿物的包裹，浸出更为彻底。抑制了黄铁矿和元素硫的进一步氧化，无用反应少，从而提高了单元操作效率。减少了氧气消耗，废弃物产出少，仅消耗氧气一项就能使吨锌生产成本降低 300～400 元。该发明针对新疆阿舍勒铜锌混合精矿[83-85]建成了半工业试验基地，并在朝鲜水岸山铜矿得到工业应用，黄铁矿氧化率小于 8%，硫氧化成硫酸根的比例小于 12%，同时实现黄铜矿的彻底分解，达到 99%以上。

3. 发明点 2：铁"可控"加压浸出技术

本发明点包括两项技术，第一项是红土镍矿逆向的常压-加压浸出。通常红土镍矿上层是褐铁矿，下层是蛇纹石，褐铁矿铁高镁低，通常采用高温高压浸出，蛇纹石铁低镁高，通常采用常压浸出。褐铁矿高温高压浸出，通常控制温度 250～270℃，压力 5.0～5.5MPa，建设投资费用高。蛇纹石硫酸消耗高，生产成本高，一般吨镍成本在 9000 美元左右。经过对铁溶解和沉淀行为的研究，发现铁的浸出主要与酸度相关，铁水解产出的酸不能浸出褐铁矿，但足以浸出蛇纹石。基于这些发现，发明了先常压处理褐铁矿，再加压沉铁并处理蛇纹石的逆向浸出技术[86-89]。该发明技术条件温和，镍回收率高，过程节能，铁不耗酸，优势明显。该发明点的第二项技术是锌常压-加压联合浸出技术[90-93]，其主要特点是取消铁矾除铁，除铁过程同时浸出锌，可大幅度简化冶炼流程。铁以稳定的赤铁矿沉淀形式存在，渣量减少 50%，消除了潜在的污染。锌的浸出率达到 98%以上，产能增加 30%，同时降低生产成本 10%。

4. 发明点 3：目标金属"可控"加压浸出技术

在该发明点下，形成两项技术，一项是低铜镍精矿一步全浸技术[94]。目前国内外高镍锍通常采用选择性浸出，投资大，成本高，金属直收率低。以提高钴镍浸出率为导向的一步全浸技术，将多段常压和两段加压的复杂组合简化为一段加压浸出，镍钴直收率提高 15%，分别达到 99%和 98%以上。渣量小，伴生铂族金属富集比达到 20 倍以上，

主要矿产品产量和消费量居世界前列[108]。2018 年我国铜、铝、铅、锌、镍、锡、锑、汞、镁和海绵钛十种有色金属产量为 5688 万 t，同比增长 6%，居世界前列[109]。然而，由于我国人口众多，人均矿产占有率只有世界平均水平的 58%。有色金属消费增长速度过快，导致可用有色金属原矿资源比例明显下降。目前，我国常用有色金属已用比例大多已超出 50%。预计今后 20 年我国有色金属工业的规模在现有基础上还会进一步扩大。为了保障国家经济安全、国防安全，满足战略性新兴产业发展需求，国家发展和改革委员会将广泛应用于国防、原子能、航天、电子、能源等高科技领域的钴、镍、钨、钼、稀土等 24 种矿产列入战略性矿产目录，作为矿产资源宏观调控和监督管理的重点对象[110-112]。美国地质调查局 2020 年统计数据表明[113]：2019 年全球钴储量约为 700 万 t，中国 8 万 t，占 1.11%，全球钴产量 14 万 t，中国 0.2 万 t，占 1.43%；全球镍储量约为 8900 万 t，中国 280 万 t，占 3.15%，全球镍产量 270 万 t，中国 11 万 t，占 4.07%。中国是贫钴少镍的国家，钴镍资源非常紧缺，其中钴矿资源多以伴生形式分布于硫化物、砷化物和氧化物等矿物之中，主要以其他金属副产品的形式产出，镍矿资源虽然相对较富，但氧化镍矿较少，且品位较低，在国际上缺乏竞争力。因此，加强稀缺金属二次资源的回收利用已经成为近年来国内外引人关注的研究热点。

世界发达国家对于稀缺金属二次资源的回收再利用技术水平较高，规模较大。钴、镍废料中以废催化剂和废旧电池的钴、镍含量高。日本平均每年从废催化剂中回收的金属超过 10000t，二次电池的回收率高达 84%，富士通(FUJIT-SU)公司废旧电池资源的再利用率达 90% 以上；法国 Eurecat 公司是欧洲最大的废催化剂回收公司，每年回收能力为 2500t，占全球回收量的 5%～10%；德国 1988 年在 Hanak Wolfgang 新建 1000t/d 废重整催化剂回收线，铂回收率可达 97%～99%，其马格德堡地区有年处理能力达 7500t 废电池的企业。瑞士也建成年处理量为 3300t 的废电池回收企业。美国目前形成了从废催化剂中回收贵金属的完整产业链，近年来扩展到有色金属的回收、利用，其回收体系可实现对美国国内 73% 的镍催化剂进行回收处理；阿迈克斯金属公司作为美国最大的回收公司，年处废加氢脱硫催化剂为 16000t；环球油品公司开发回收炼油及石化催化剂技术；联合催化剂公司主要负责回收甲基叔丁基醚(methyl tert-butyl ether，MTBE)脱氢催化剂。2004 年美国佛罗里达州镍镉电池的回收利用率达到 20%～30%；2010 年加拿大二次电池处理量达到 1400 万只，计 3333t[114]。

我国对金属二次资源的回收再利用起步较晚，整体水平不足。抚顺石化三厂自 1971 年开始从废重整催化剂中回收铂、锌等金属，年处理废催化剂 150t，可产铂金属 450kg，回收铂质量分数达到 99.98%；扬子石化实业总公司于 1995 年底建成一套 2000t/d 的钴锰催化剂残渣回收装置；河南平顶山 987 厂建成废催化剂回收线，每年回收金属铋、钼、镍、钴、钒数十吨；我国以废旧电池及电池废物为原料循环再造超微钴镍粉末的规模化企业有格林美股份有限公司和广东邦普循环科技有限公司等，其中格林美公司规模化以废旧电池及电池废物为原料循环再造超细钴镍粉末，其年处理钴镍废催化剂、废旧电池等各类废物总量达 30000t 以上，形成 2000t 超细钴镍粉末、镍合金等高技术产品的循环再造能力，技术水平较为先进[115]。

由此可见，面对资源不断耗竭、发达国家积极进行资源循环技术研究的形势，积极探索稀缺金属二次资源循环利用过程中的科学规律，对钴镍二次资源金属综合回收绿色工艺流程不断开发，对缓解我国资源稀缺的状况，实现有色金属和材料产业的可持续发展具有重要的现实意义。

4.4.2　存在的主要科学问题和技术瓶颈

稀缺金属二次资源主要包括废旧电池、失效催化剂、冶炼废渣、废合金等[116-119]，其显著的特点是化学成分多样，组成形态复杂，处理方法主要分为物理分离、火法冶金和湿法冶金技术。湿法冶金回收流程适用面广，是较为主流的技术。依照处理废料成分从简单到复杂，湿法冶金技术大致分成电沉积流程、化学沉淀流程和溶剂萃取流程[120-124]。电沉积流程主要针对成分单一的废金属粉末、废合金、废硬质合金，通过电沉积技术控制电解液成分、电流密度、槽电压等参数，直接从废料浸出溶液或净化液中分离、回收有价金属。这一流程不用添加其他物质，引入杂质少，可以得到纯度较高的金属或化合物，有利于特殊合金或电极材料的直接回收制备，但该流程对废弃材料的成分以及处理工艺要求比较严格。化学沉淀流程即完全通过化学沉淀的方法，使废料浸出液中的金属离子在适宜 pH 条件下沉淀，实现分离回收。该流程具有所用试剂简单便宜、操作条件容易控制、易于实现工业化等优点。例如，钴镍二次资源的浸出液中，加入硫化物可以沉淀铜，加入氨水可以沉铁、铝，加入氢氧化物可以沉淀锰、钴，加入丁二酮肟可以沉淀镍，加入草酸盐可以沉淀钴，加入碳酸盐和氟化物可以沉淀锂等。对于化学成分较简单的废料，如钴酸锂，可以通过组合上述单一的沉淀过程，实现有价元素的综合回收。对于成分过于复杂多样的废料，金属元素过多，沉淀剂或沉淀范围对特定金属没有专一性，就难以通过简单叠加、随意组合常规沉淀方法来分离回收金属，而必须引入萃取剂提高金属分离的专一性，形成溶剂萃取流程。溶剂萃取流程利用适当的萃取剂与废料浸出液中的特定金属元素结合，使目标金属元素进入或不进入萃取有机相，从而与其他金属分离。常用的工业萃取剂主要有四大类，即中性萃取剂、酸性萃取剂、碱性萃取剂和螯合萃取剂。钴、镍除杂及分离中常用的萃取剂有 P204、P507、N235、N263；常用的铜萃取剂有 Cp150、AD100、Lix984、AcorgaM5640 等。溶剂萃取流程具有能耗低、分离效果好等特点，但也存在操作繁琐、成本偏高、不利于环保等弊端。

北京工业大学全面总结上述流程，在长期研究稀缺金属二次资源综合回收的过程中，提炼出该领域存在的技术瓶颈和科学问题。

(1)对上述传统湿法冶金的电沉积、化学沉淀和溶剂萃取的流程不断调试，基本能够处理多种多样的稀缺金属二次资源，但相关研究往往只关注工艺条件优化，对其中的共性问题缺乏归纳，对其中存在的多金属分离的科学规律缺乏基础研究，导致回收流程的设计缺乏宏观上的理论指导，回收效果缺乏可供参考的模拟预判。稀缺金属二次资源回收领域没有形成特有的分离理论与技术。因此，该领域的科学问题之一是：探索稀缺金属二次资源中复杂金属元素的分离、回收共性规律，建立金属分离热力学理论模型，揭示稀缺金属二次资源溶液体系中金属分离调控机制，由此开发金属高效分离新工艺，实现典型稀缺金属废料金属有效回收。

(2) 电池、合金等工业对钴镍粉体的形状、粒度大小和纯度有不同的要求，而现有的废弃钴镍材料的再生产品主要是钴镍盐等初级产品，即使是原矿产品也不能满足部分合金工业对超细粉体的指标要求，依然需要进口。普通反应器中的搅拌和能量输入不均匀，混合没有得到有效控制，因此过饱和度的时空分布紊乱失控，这些固有的缺陷致使成核不均匀，产品品质较差；二次资源因为组分与原矿不同，在再生制备过程控制规律也存在自身规律，因此获得的再生钴盐比原矿产品的结晶度和结晶率差、晶格缺陷多。为此，该领域科学问题之二是：探索稀缺金属二次资源中复杂金属元素溶质盐混合规律，建立前驱体溶液中锂、镍、钴等溶质盐混合凝固模型，探索超微粉体的转变机理和均质前驱体受热物相和结构的变化趋势，由此开发雾化水解、旋流混合强化、梯度热解还原、高温/低温活化等再生粉体形貌控制及结构修复技术，实现典型稀缺金属再生产品高性能制备。

4.4.3 解决思路

尽管稀缺金属二次资源成分复杂，但颇具共性，如废 Ni-H 电池及废镍合金含 Ni 较高，可达 11%～55.6%；废锂电池及废钴催化剂等含 Co 较高，可达 10%～50%；钴镍之外含量较高的元素主要是 Fe、Mn，在某些废合金及废渣中可分别达到 70% 及 24%。因此，稀缺金属的分离回收问题，实际上对于钴镍废料来说，是 Co、Ni、Fe、Mn、Cu、Li 等几种金属的分离问题；对于贵金属废料来说，是贵金属 Au、Ag、Pt、Pb 与贱金属分离，以及贵金属配位分离的问题。稀缺金属二次资源金属回收流程尽管多样，但都是构建在多金属溶液体系的基础之上。因此，打破传统的技术流程研究思路，从溶液体系的角度出发，通过由简到繁地建立不同溶液体系平衡热力学理论模型并研究动力学规律，再实验研究金属分离机理，即有望解决废料金属分离行为的共性问题。

选择典型稀缺金属元素、配合剂、沉淀剂，构建系列"配合-沉淀"体系，通过热力学原理构建稀缺多金属"配合-沉淀"分离模型，系统研究不同溶液体系中金属在配合剂或沉淀剂存在的条件下形成离子态或化合物的规律，设计配合沉淀体系，调控配合剂、沉淀剂的种类、浓度以及体系中的其他参数，从而调控溶液中金属离子的分离行为，获得纯净稀缺金属离子溶液。基于混合强化反应原理、非平衡离子迁移传递规律及前驱体粉末转变行为机理，开发出高温/低温活化与成形技术，针对纯净稀缺金属离子溶液进行特定前驱体的合成、活化、结构性能修复，最终获得各种形貌、性能优良的稀缺金属粉体材料，实现高效循环再造。学术思路如图 4-26 所示。基于多金属"配合-沉淀"理论及稀缺金属高效循环再造技术，在北京工业大学建成一条稀缺金属高效循环再造工业应用的中试线，如图 4-27 所示。该中试线将"配合-沉淀"金属分离技术、高温活化与成形技术及低温活化与成形技术成功放大，并推广到江西、山西、河南、内蒙古等九省市，已在全国建成十大产业基地，包括荆门市格林美新材料有限公司、北京金隅红树林环保技术有限责任公司，实现工业化应用。

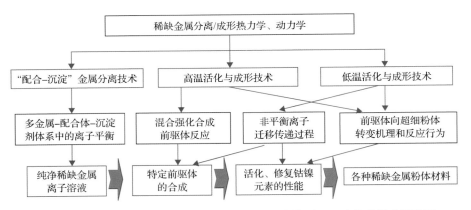

图 4-26　多金属"配合-沉淀"理论及稀缺金属高效循环再造技术学术思路图

图 4-27　稀缺金属高效循环再造工业应用的中试线

4.4.4　创新性发现和突破性进展

1. 建立了稀缺金属"配合–沉淀"理论模型，获得金属分离规律

二次资源具有多金属、多组分、体系复杂等特点，致使传统湿法火法冶金流程难以直接适用，以多元系金属废料高效分离提纯、新材料高性能循环再造为目标，提出构建了稀缺金属多元"配合-沉淀"体系热力学模型[125]。如图 4-28 为复杂多金属-配合体-沉淀剂水溶液体系"配合-沉淀"平衡热力学模型建模的原理图，根据溶液中电离、配合、沉淀的复杂关系进行构建和解析，建立多元方程，计算不同溶液体系金属分离分配关系。该模型从溶液单元中配合与沉淀两个角度考虑液相和固相金属分配性质；应用质量守恒和同时平衡原理绘制不同体系、不同条件的热力学平衡图，包括溶液角度金属离子总浓度 lg[Me]二维图、三维图及沉淀角度反应 ΔG 二维图、三维图，揭示了典型金属离子如钴、镍、贵金属的多级配位体液相优势富集分配、分离规律。

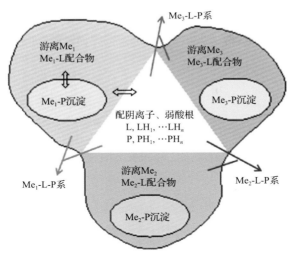

Me$_x$-L$_y$-P$_z$(x, y, z=1, 2, 3, ···, n)多金属配合沉淀体系物种分布关系

图 4-28　"配合-沉淀"热力学平衡模型

针对典型钴镍二次资源如钴镍电池废料,"配合-沉淀"多元金属选择性分离热力学模型从理论上分析了主要金属 Me=Co、Ni、Mn、Fe、Cu 在 Me-OH$^-$、Me-OH$^-$-CO$_3^{2-}$、Me-OH$^-$-S^{2-}、Me-OH$^-$-NH$_3$、Me-OH$^-$-NH$_3$-CO$_3^{2-}$、Me-OH$^-$-NH$_3$-S^{2-}等不同体系及不同 pH、溶液中配合剂的总浓度[L]、金属离子元素总浓度[Me]、沉淀剂总浓度[P]条件下的分离行为及主要分离形式[126-129]。图 4-29 为从溶液组分角度,利用"配合-沉淀"热力学平衡模型绘制碳铵体系(Me-OH$^-$-NH$_3$-CO$_3^{2-}$体系)Ni-Co-Mn 的离子分率 α-pH 图。从图 4-29 发现 NH$_3$ 对 Ni、Co、Mn 配合能力依次减弱,Ni、Co、Mn 在溶液中主要以游离金属离子、羟配金属离子和氨配金属离子三种状态存在,pH=9~11 时,溶液中无 Ni 和 Co 的游离金属离子和羟合离子,Ni 几乎全部为高级氨配离子[Ni(NH$_3$)$_4^{2+}$]、[Ni(NH$_3$)$_5^{2+}$]、[Ni(NH$_3$)$_6^{2+}$],钴主要以[Co(NH$_3$)$_3^{2+}$]、[Co(NH$_3$)$_4^{2+}$]、[Co(NH$_3$)$_5^{2+}$]钴氨配合离子为主,在整个 pH 范围内,游离锰离子和羟合离子都存在,pH=9~11 时,Mn 以低级锰氨配合离子[Mn(NH$_3$)$^{2+}$]、[Mn(NH$_3$)$_2^{2+}$]、[Mn(NH$_3$)$_3^{2+}$]为主。图 4-30 为从沉淀角度利用"配合-沉淀"热力学平衡模型绘制的碳铵体系 Ni-Co-Mn 沉淀反应的 ΔG-pH-[L]-[P]关系三维曲

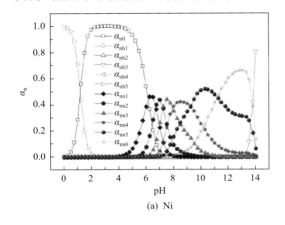

(a) Ni

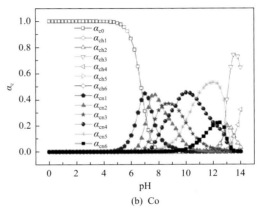

(b) Co

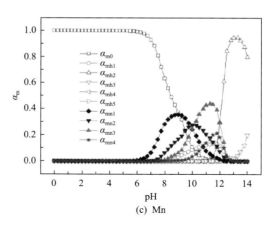

(c) Mn

图 4-29 离子分率 α-pH 图（$[C]$=1mol/L、$[N]$=2mol/L、25℃）

α_{n0}=[Ni^{2+}]/[Ni]；α_{nhi}=[Ni(OH)$_i^{2-i}$]/[Ni]（i=1,2,3）；α_{nh4}=[Ni$_2$(OH)$^{3+}$]/[Ni]；α_{nh5}=[Ni$_4$(OH)$_4^{4+}$]/[Ni]；

α_{nni}=[Ni(NH$_3$)$_i^{2+}$]/[Ni]（i=1,2,3,4,5,6）；α_{c0}=[Co^{2+}]/[Co]；α_{chi}=[Co(OH)$_i^{2-i}$]/[Co]（i=1,2,3,4）；α_{ch5}=[Co$_2$(OH)$^{3+}$]/[Co]；

α_{ch6}=[Co$_4$(OH)$_4^{4+}$]/[Co]；α_{cni}=[Co(NH$_3$)$_i^{2+}$]/[Co]（i=1,2,3,4,5,6）；α_{m0}=[Mn^{2+}]/[Mn]；α_{mhi}=[Mn(OH)$_i^{2-i}$]/[Mn]（i=1,3,4）；

α_{mh5}=[Mn$_2$(OH)$^{3+}$]/[Mn]；α_{mh6}=[Mn$_2$(OH)$_3^+$]/[Mn]；α_{mni}=[Mn(NH$_3$)$_i^{2+}$]/[Mn]（i=1,2,3,4）

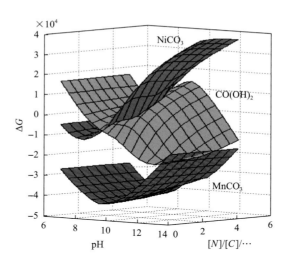

图 4-30 碳铵体系 Ni-Co-Mn 的 ΔG-pH-$[L]$-$[P]$-曲面

面图（$[L]$为配合剂总浓度，$[P]$为沉淀剂总浓度）。从系列此类平衡图结合溶液离子状态规律中可以分析确定碳铵体系 Ni、Co、Mn 金属离子在溶液中的稳定性，为高锰钴镍废料的氨循环钴镍锰两步法分离技术奠定理论基础，扩展解决了高锰、铁、锂、铜等废弃钴镍材料复杂体系提纯的技术难题[130-131]。

2. 建立了溶液离子混合、溶质粒子偏聚模型，获得超微粉形成规律

综合离子水化理论和离子互吸理论，建立溶液离子混合模型，解释前驱体溶液中锂、镍、钴等溶质盐的均匀混合，前驱体溶液稀，溶液中水化离子之间的距离大，离子氛厚度也较大，有利于各离子间的交换、运动及其相互渗透，从而有利于前驱体溶液中镍、

钴盐的均匀混合[132-134]。在较低浓度范围的溶液凝固过程中，避免镍、钴等溶质盐离析的液滴临界尺寸与过冷度成正比，与浓度变化率成反比，即 $R \propto \Delta T(\Delta C / C)^{-1}$。因此，通过增大过冷度，减小浓度变化率，来增大液滴尺寸，从而控制 Me=Co、Ni、W 等溶质盐的离析。在随后的真空干燥过程中，通过提供适当的热量，使溶剂成分在真空条件下以升华方式变成气相形式脱除，避免了"液桥"的出现，从而满足粉体的化学成分均匀性、粒度分布和分散性的要求。

在溶液凝固过程中，存在溶剂的凝固速率和溶质的扩散速率相互竞争的关系(图 4-31)，快速凝固下的溶质粒子偏聚。两者之间的关系影响着溶质在固相中的分布。可能存在如下两种情形：第一，当溶质扩散速率($v_{扩散}$)大于固相生长速率($v_{生长}$)时，溶质将会在浓度梯度作用下从固相附近的液相高浓度区向液相低浓度区扩散，由于溶质的扩散造成的溶液浓度的非均匀，从而导致溶质在固相中的分布不均匀，即溶质发生了所谓的偏析；第二，当固相的生长速率大于溶质的扩散速率时，溶液溶质来不及扩散，就被固相所包覆，高度浓缩的溶液将被限制在冰晶间隙中，有效地避免偏析的发生，从而溶质弥散分布在固相中。如图 4-31 所示，当 $v_{扩散} < v_{凝固}$ 时获得弥散分布的溶质盐，避免溶质离析，即易于形成均质产物。

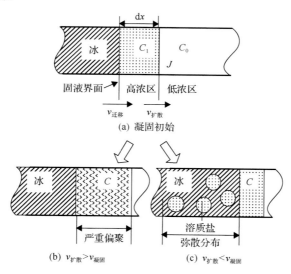

图 4-31 溶质盐偏聚示意图

由此建立凝固模型(图 4-32)，设雾化后液滴的形状近似为球形，其半径为 R，液滴初始温度为 T_i，固相凝固温度为 T_m，滴入温度为 T_0 的冷浴中。假设：①温度只是空间分布和时间演化的函数，凝固样品表面绝热；②传热的边界条件为第一类边界条件；③固液界面是严格的球面，温度保持不变，设固化温度为 T_m；④固相和液相的密度相同，保持不变，不考虑溶剂结晶时的体积膨胀作用；⑤凝固过程中，液相始终为一过冷液体，温度为 T_m，均匀且不变。可在 $v_{扩散} < v_{凝固}$ 条件下得到避免溶质离析的最大液滴半径 R_l：

$$R_l \leqslant 1 \times 10^{-8} \frac{\alpha_s C_p (T_m - T_0)}{L D_{AB}} = 1 \times 10^{-8} \frac{k_s \Delta T}{\rho L D_{AB}} \tag{4-1}$$

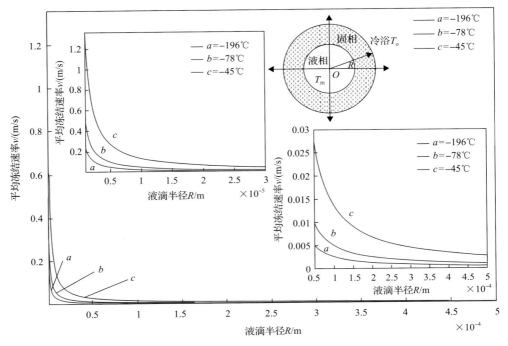

图 4-32　凝固物理模型及其过程变化

理论计算和生产实践表明：对于稀溶液，金属离子浓度 $C_M(Ni，Co)<0.1mol/L$，过冷度 $\Delta T>100℃$，液滴半径 $R<1mm$ 时，$v_{扩散}<v_{凝固}$，形成的凝固物经低温低压干燥可得到均质前驱体。

通过镍、钴的盐溶液，制备出超微 Ni、Co 粉末等系列产品[135-137]。通过对它们转变过程的研究，探索超微粉体的转变机理和均质前驱体受热所引起的非晶晶化，以及物相和结构的变化趋势。发现均质前驱体在向晶态超微粉体的转变过程中，存在着两种转变路线。一是由非晶态前驱体直接向晶态产物转变，在转变过程中，中间产物始终为非晶态；二是非晶态前驱体先是非晶晶化，形成晶态中间产物，然后随着反应进行，晶态中间产物发生热分解还原，最后形成晶态超微粉体。这两种转变机理的不同，不仅与物质的结构有关，而且还与反应动力学势垒有关。若物质化学键的离解能较大，键强较强，晶化的动力学势垒较低，越易发生前驱体的晶化反应。反之，发生热分解还原反应。在反应过程中，存在着非晶晶化反应和热分解还原反应相互竞争的过程。当晶化反应的自由能大于热分解还原反应的自由能时，均质前驱体趋向于直接转变；反之，倾向于非晶晶化，然后才是超微粉体的生成。其再生粉体形成结构变化调控过程如图 4-33 所示。

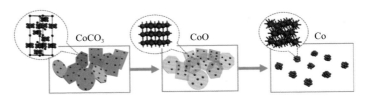

图 4-33　再生粉体形成结构变化调控示意图

表 4-11 国外先进企业采用的电子废弃物处理技术

处理企业	金属种类	主要工艺流程
Umicore[153-154]	Au, Ag, Pd, Pt, Se, Ir, Ru, Rh, Cu, Ni, Pb, In, Bi, Sn, As, Sb	艾萨炉铜冶炼、铜电解精炼、贵金属分离提纯
Outotec[155]	Zn, Cu, Au, Ag, In, Pb, Cd, Ge	奥斯麦特顶吹熔炼、铜/铅/锌综合冶炼系统
Boliden Rönnskär[156-157]	Cu, Ag, Au, Pd, Ni, Se, Zn, Pb,Te	卡尔多炉熔炼、电解精炼、贵金属提纯
Noranda[158]	Cu, Au, Ag, Pt, Pd, Se, Te, Ni	电子废弃物与原矿一同冶炼、贵金属捕集在阳极板中、电解精炼富集贵金属
Dowa[159]	Cu, Au, PMs, Ag, Ga 等 17 种元素	与再生铜一同冶炼，综合回收金属
LS-Nikko[160]	Au, Ag &铂族金属	TSL 熔炼、贵金属精炼

比利时 Umicore 公司已实现了从电子废弃物中回收 17 种稀贵、稀散金属，其研发的工艺流程如图 4-35 所示。首先，将破碎后的电子废弃物与其他工业废料混合后，在艾萨炉中熔炼。熔炼过程中，电子废弃物中的塑料可替代焦炭作为能源与还原剂，同时，高温避免了二噁英的产生。熔炼后，绝大部分贵金属进入铜液，贱金属进入铅渣中。接着，铜液被浇铸成阳极板，再经电解精炼后得到阴极铜和富集贵金属的阳极泥。处理阳极泥，分离得到贵金属。将铅渣装入鼓风炉吹炼，得到黄渣(富集 As、Ni)和粗铅(富含其他贱金属和少量贵金属)。最后，粗铅通过 Harris 精炼得到精铅，并将贱金属逐一分离、回收。

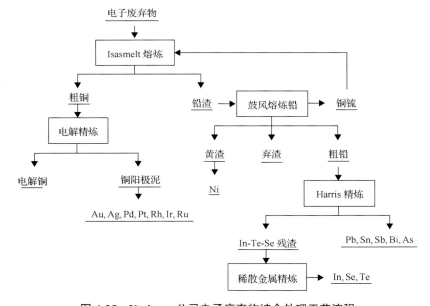

图 4-35 Umicore 公司电子废弃物综合处理工艺流程

由于我国的废旧电子电器处置技术起步较晚，与国外先进技术的差距较大(表 4-12)，具体表现在：90%以上的废旧线路板通过家庭式作坊处理，即"人工拆解-露天焚烧"等处理方法，二噁英、粉尘等污染严重[161-163]；采用"王水溶解-氰化物萃取"的方法提取贵金属，贵金属回收率低，氰化物污染严重；重金属协同提取率低，易造成资源浪费和环境污染。

表 4-12　国内外废旧电子电器处理技术的对比

内容	国内传统工艺	国外(Umicore 公司)*
贵金属提取	工艺：王水溶解-氰化物萃取。 技术指标：贵金属总回收率≥95.0%；Au≥98.0%；Ag≥93.0%；Pd≥96.0%；纯度≥99.9%；氰化物污染	工艺：艾萨炉(冶炼-吹铅)工艺，即阳极泥冶炼-铅捕集贵金属-吹铅-电解-贵金属 技术指标：贵金属总回收率≥97.5%；Au≥98.4%；Ag≥97.6%；Pd≥96.0%；纯度为 99.95%；环保投资大
重金属提取	工艺：浓缩结晶提硫酸镍、"硫酸浸出-置换"分离提纯铜 回收率：Cu≥90.5%；Ni≥98.5%；其他金属交由专业企业回收	工艺：浓缩结晶提硫酸镍、多次冶炼-电解提铜锡铅、烟尘灰硫酸浸出-电积重金属 回收率：Cu≥92.5%；Sn≥91.5%；Ni≥94.5%；Pb≥94.5%。
电路板处置	工艺：直接焚烧 技术指标：金属回收率约 99.0%；二噁英污染严重	工艺：高温冶炼、烟气急冷抑制二噁英合成、活性炭吸附烟气中二噁英 技术指标：金属回收率约 99.0%；烟气达标排放；投资大
废旧电子电器拆解	工艺：人工辅助机械化拆解 技术指标：氟利昂、残油和粉尘排放严重；铅玻璃收集；一条线拆解一种废旧电子电器，精细化拆解	工艺：废旧电子电器无害化处置-破碎 技术指标：氟利昂、残油和铅玻璃收集；粉尘吸附；环保系统复杂昂贵、投资大

注：*-数据来源 Precious Materials Handbook ISBN 978-3-8343-3259-2

4.5.2　存在的主要科学问题和技术瓶颈

由于品种多、来源复杂，废旧电子电器具有组分复杂、有毒有害物质多(如重金属铅镍、溴化物阻燃剂等)的特点。如何绿色、经济、高效地回收废旧电子电器，是世界多国长期投入巨资研发但一直未能彻底突破的技术难题，如最先进的 Umicore 艾萨炉工艺为铅捕集贵金属，固定资产投资巨大(约 4.1 亿欧元，折合人民币 32.21 亿)，重金属污染治理费用高。亟须突破三大技术瓶颈：①经济绿色提取贵金属；②铜铅锡镍重金属协同提取；③污染防控。

(1)贵金属提取主要有"王水溶解-氰化物萃取"和"铅捕集火法熔炼"等工艺。"王水溶解-氰化物萃取"因氰化物污染严重，已被国家明令禁止；"铅捕集火法熔炼"最先进的工艺为优美科艾萨炉工艺，技术高度保密、固定资产投资巨大。

(2)废旧电子电器含有大量的高值合金(如铜合金、电工合金)，传统提取纯工艺是熔炼-造渣-铸造-电解-贵金属提取，金属回收率低、流程长、能耗物耗高。

(3)电路板杂铜粉冶炼得到的多金属铜合金(俗称黑铜)，富集了铅锡镍等重金属和金银钯等贵金属，典型成分为 Cu60%～80%、Ni5%～15%、Sn8%～15%、Pb0.5%～1.5%，余量为贵金属和其他杂质，远低于《阳极铜》(YS/T1083—2015)规定的 Cu 下限 98.5%。黑铜因铜品位低、重金属离子中毒、电极钝化等无法实现常规电解提纯。此外，黑铜电解后产生的铜阳极泥是常规铜电解的 10～30 倍，富含大量的铅锡金银钯等。常规"阳极泥冶炼-铅锡电解-阳极泥冶炼"工艺需反复多次，铅尘污染严重，能耗高，金属纯度低。

(4)废旧电子电器含有铅、镉、汞、溴化阻燃剂、氟利昂等有毒有害物质，避免其处置和资源化过程的二次污染是世界性难题。

4.5.3　解决思路

突破经济绿色提取贵金属、铜铅锡镍重金属协同提取和污染防控三大技术瓶颈，实现废旧电子电器的绿色、高效、低成本的回收利用，研发路线如图 4-36 所示。

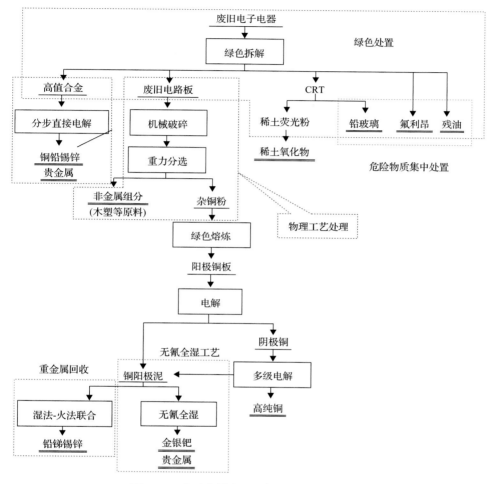

图 4-36 废旧电子电器回收技术研发路线图

（1）为了突破经济绿色提取贵金属技术瓶颈，研发无氰全湿、恒压电解等新技术，提高贵金属总回收率的同时杜绝剧毒氰化物污染。

（2）研发黑铜电解提铜、黑铜电解阳极泥协同提取铅锡镍等技术，解决黑铜电解及重金属回收率低等难题。

（3）为了杜绝全流程污染，研发无害化柔性拆解、电路板机械破碎-重力分选和尾液循环利用等新技术，避免氰化物、重金属、氟利昂、残油、粉尘和二噁英等污染。

4.5.4 创新性发现和突破性进展

1. 无氰全湿提取贵金属新技术

基于贵金属及其络合物 ε 与 pH 是决定其存在形态的科学本质，建立了 Au、Ag、Pt、

Pd、$AuCl_4^-$、AgCl、$PtCl_6^{2-}$、$PdCl_4^{2-}$、$(NH_4)_2Pt^{6+}$、$(NH_4)_2Pd^{6+}$等物质的 ε-pH 数据库，确定了各贵金属及其化合物相区边界，确定了反应活性顺序为 $AgCl > AuCl_4^- > PdCl_4^{2-} > PtCl_6^{2-}$。根据贵金属氯配位体活性顺序和 ε-pH 相图，制定了贵金属分离提取流程，确定了贵金属化合物控制参数，研发了"无氰全湿提取贵金属"新技术，主要包括："氯酸钠氧化-氯离子络合-亚硫酸钠还原"提金技术、"亚钠分银-甲醛还原"提银、"强酸氧化-氯铵沉淀-氨水络合-水合肼还原"提钯技术。

1）"氯酸钠氧化-氯离子络合-亚硫酸钠还原"提金技术

贵金属 Au、Pd、Pt 主要以单质稳定态存在于阳极泥中，Ag 主要以 AgCl 形式存在。首先，将阳极泥进行氧化脱铜处理，使阳极泥中的铜含量降至 1%以下，含铜液送入电解车间回收铜或用废铁置换铜。接着，采用"氯酸钠氧化-氯离子络合"的方法处理铜阳极泥脱铜渣，使贵金属氧化成离子，并与氯离子形成配合物。最后，使用 Na_2SO_3 还原含金溶液，得到粗金粉。铜阳极泥"氯酸钠氧化-氯离子络合-亚硫酸钠还原"提金工艺流程如图 4-37 所示。

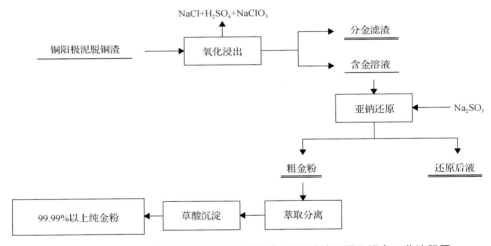

图 4-37　铜阳极泥"氯酸钠氧化-氯离子络合-亚硫酸钠还原"提金工艺流程图

2）"亚钠分银-甲醛还原"提银技术

由于氯化银配位能力有限，"氯酸钠氧化-氯离子络合"处理后，绝大多数银存在于分金滤渣中。$[SO_3]_2^{3-}$ 具有较强的 AgCl 络合性能，可使难溶的氯化银溶解于亚硫酸钠溶液中。通过调控亚硫酸钠溶液 pH、浓度等，确保 AgCl 可以生成 $Ag(SO_3)_2^{3-}$ 离子，避免 Ag_2O 沉淀的产生。含银溶液经过甲醛还原处理后得到粗银粉。

分金滤渣"亚钠分银-甲醛还原"提银工艺流程如图 4-38 所示，该过程的主要反应过程如式（4-2）、式（4-3）所示：

$$AgCl + 2SO_3^{2-} \longrightarrow Ag(SO_3)_2^{3-} + Cl^- \qquad (4-2)$$

$$4Ag(SO_3)_2^{3-} + HCOH + 6OH^- \longrightarrow 4Ag + 8SO_3^{2-} + 4H_2O + CO_3^{2-} \qquad (4-3)$$

3）美国专利

Complete Non-cyanogens Wet Process for Green Recycling of Waste Printed Circuit Boards（US 9689055B2）

3. 获得奖项

（1）2018 年度国家技术发明奖二等奖：复杂组分战略金属再生关键技术创新及产业化；

（2）2017 年度第四届北京市发明专利奖二等奖：无氰全湿成套工艺绿色回收废旧电路板的方法

（3）2016 年度第十八届中国专利优秀奖：无氰全湿成套工艺绿色回收废旧电路板的方法

（4）2014 年度北京市科学技术奖一等奖：废旧电子电器处置和资源化技术及其工业化应用

（5）2014 年度中国有色金属工业科学技术奖一等奖：报废电子产品处置和有色金属材料回收绿色成套技术及示范

（本节撰稿人：张深根，刘波，丁云集。本节统稿人：张深根，刘波）

4.6　有色金属熔池熔炼过程强化与资源高效利用关键技术　◀◀◀

4.6.1　本学科领域的国内外现状

冶金炉窑是冶金生产过程中对各种物料或工件进行热工处理的重要设备，对冶金产品的质量、产量和能耗起决定性作用[164, 165]。我国是金属生产大国和消费大国，金属生产和加工过程耗能约占全国总能耗的 17%，其中 80%左右为冶金炉窑所消耗。冶炼炉中以对有色金属矿进行熔池熔炼处理的熔池熔炼炉最为典型和复杂。随着冶金工业的快速发展，现代有色冶炼企业一般采用先进的富氧强化熔炼技术，其中富氧熔池熔炼技术的产能占比约为 50%。所谓富氧熔池熔炼，即精矿被抛到熔池表面或被喷入熔体内，通过向熔池中吹入氧气或富氧空气，使加入的物料在熔池中被气体湍流包裹、剧烈搅动，完成快速的传热传质，强化气液固三相的充分反应，从而实现自热熔炼。具体来讲，就是使硫化精矿在熔池中同时进行加热、熔化、氧化、造渣和产品汇集的过程，通过富氧和硫的氧化放热反应提供熔炼所需热量[166]。不管是顶部、底部还是侧部供热的熔池熔炼炉，实际生产中的强化供热操作往往是基于加大富氧喷吹量来实现，这就容易发生搅拌过度和喷溅冲刷，从而导致炉体和喷枪寿命短，或搅拌不均匀致使炉渣中金属含量高、金属直收率低，富氧利用不充分、氧-硫反应不彻底的严重后果。解决上述问题的根本途径是如何实现熔炼炉内热场-反应物浓度场-流场的协同性和均匀性。

在熔池熔炼过程实施过程强化，能够有效提高冶炼炉的冶炼能力，延长关键设备的寿命，提高能源的利用效率。从能量平衡的角度分析，过程强化后的熔炼过程，体系热量除部分满足冶炼自身需求外，其余热量必然会转移到熔炼工艺末端的烟气、冷却介质、废气废水、高温产品、炉渣、可燃废气和废料等载体中，形成大量冶金工业余热资源。统计结果表明，我国工业能耗超过全社会总能耗的 70%，而工业余热约占工业总能耗的15%，其中烟气余热资源占工业余热资源总量的 50%以上。随着富氧熔炼工艺及其过程强化技术的推广应用，冶炼烟气携带的大量余热资源，尤其是中低温余热资源如何实现高效利用，越来越受到社会的广泛关注。对 32 家有色冶金企业的烟气余热资源调查表明，难以有效利用的中低温烟气余热约占烟气余热资源总量的 48%。有色冶金行业长期存在高能耗的问题，其产生的大量中低温烟气余热资源由于具有量多面广的特性以及自身固有的特殊性如高含尘、腐蚀性、波动性等，一直未能实现高效回收。如何高效回收成分复杂、波动性强的中低温冶金烟气余热是目前研究与开发的热点和难点，而开发低沸点有机工质的有机朗肯循环（organic Rankine cycle，ORC）发电技术具有显著的优势和应用前景[167]。

4.6.2 存在的主要科学问题和技术瓶颈

昆明理工大学针对有色金属熔池熔炼过程的特点以及中低温烟气余热资源的特性开展了一系列的攻关研究，发现存在以下制约过程强化和中低温烟气余热资源高效利用的科学问题和技术瓶颈。

（1）热量-质量-动量传递是冶金炉窑热工的基础，随着冶金物料的日益复杂化，片面追求强化炉窑内某一传递过程而导致其热场-反应物浓度场-流场不协调或不均匀，致使冶金生产过程不顺畅、炉窑寿命短、能耗高、产品质量低等问题。熔池熔炼炉是有色金属熔池熔炼工艺最常用炉型之一，熔炼炉热工过程强化时如何保证三场的协同性和均匀性是制约熔池熔炼炉节能增效的关键问题。

（2）中低温烟气余热资源高效回收利用的关键在于根据有色冶炼烟气自身的特性，提出一种基于纯工质及多元混合工质的超临界、多级蒸发有机朗肯循环来提高单压有机朗肯循环效率的思路，揭示多元混合有机工质在两相区及超临界流体在大比热区的传热传质机理与流动特性，建立有机工质优选方法和中低温余热回收有机朗肯循环的系统优化设计方法，研发出高效的中低温余热回收有机朗肯循环发电系统等。

4.6.3 解决思路

有色金属熔池熔炼过程强化与烟气余热资源高效利用的原理如图 4-40 所示。通过对熔池熔炼过程建立系统的过程强化相关理论和技术，解决熔池熔炼炉"三场"不协同、不均匀的关键问题；通过对有机工质传热传质机理、流动特性等问题的深入研究，以及有机朗肯循环发电系统的设计和优化，解决中低温烟气余热资源利用效率低的问题。

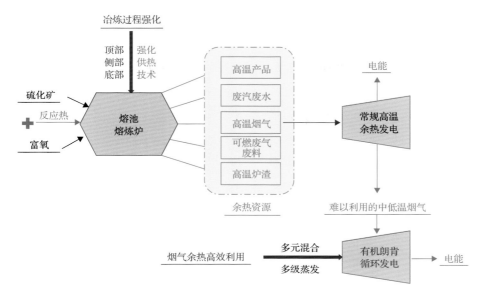

图 4-40　有色金属熔池熔炼过程强化与余热资源高效利用示意图

　　围绕上述关键科学问题(1)，针对炉渣熔点高、黏度大的复杂难处理冶金物料，建立全氧/富氧条件下熔池熔炼炉熔池气泡搅拌和氧组元定量传递实现渣型定向调控的协同控制机制；提出在满足熔炼或加热工艺要求的前提下，进行强化热负荷供给并精确调控热负荷配置，达到冶金炉窑单位空间和时间内富氧/燃料消耗最低的最低燃耗供热法则，建立冶金炉窑最低燃耗强化供热理论模型，基于拓扑学和混沌数学，提出冶金炉窑多相体系混合效果计算方法。

　　围绕上述关键科学问题(2)，根据典型有色冶金行业烟气余热资源的数量及特性，按照温度对口、梯级利用的原则，构建典型有色冶金行业烟气余热资源梯级利用体系。通过分析混合工质相变换热特性揭示换热机理，建立 ORC 热力系统传热与流动过程协同的多参数、多目标优化模型，最后研发出模块化高效率的中低温余热回收有机朗肯循环发电系统。

4.6.4　创新性发现和突破性进展

1. 有色金属熔池熔炼过程富氧强化

1) 建立了冶金炉窑最低燃耗强化供热理论模型[168-170]

(1) 提出了冶金炉窑最低燃耗供热法则，建立了最低燃耗强化供热数学模型。

　　传统的冶金炉窑强化供热往往采用增大热负荷(富氧或燃料供给量)的方法来实现，这就导致熔体搅拌不均匀、反应/燃烧不彻底、加热不均匀等问题。通过构建冶金炉窑热过程热场-浓度场-流场三场非线性协同强化的学术思想，提出了在满足熔炼或加热工艺要求的前提下，以旋流混沌强化方法进行强化热负荷供给并精确调控热负荷配置，达到冶金炉窑单位空间及时间内富氧/燃料消耗最低的最低燃耗供热法则。基于此，建立了以下最低燃耗强化供热数学模型：

$$\min Q = K \int_0^\tau \int_0^L q(x,t) \mathrm{d}x \mathrm{d}t \tag{4-4}$$

对于周期性熔池熔炼炉和连续式加热炉，可分别简化为

$$\min Q = K \int_0^\tau q(t) \mathrm{d}t \tag{4-5}$$

$$\min Q = K \int_0^L q(x) \mathrm{d}x \tag{4-6}$$

式中，Q 为总供热量，kJ/h；$q(x, t)$ 为加热炉在炉内 x 处的瞬时供热量，kJ/h；K 为比例系数；L 为炉长，m；τ 为加热时间，h。

（2）建立了熔池熔炼炉富氧旋流混沌搅拌强化供热过程数学模型。

热态高温熔池热传递能量控制方程：

$$\frac{\partial}{\partial t}(\rho E) + \nabla \cdot (\boldsymbol{v}(\rho E + p)) = \nabla \cdot (k_{\mathrm{eff}} \nabla T) + S_\mathrm{h} \tag{4-7}$$

式中，k_{eff} 为有效热导率；S_h 为源项，包括辐射及其他体积热源；E 为多相体系总能量，$\boldsymbol{v}$ 为熔池流速。

采用经过重整规划群统计学技术（renormalization group theory，RNG）优化过的 RNG κ–ε 模型来计算气泡群在宏观计算域内的旋流运动：

$$\frac{\partial}{\partial t}(\rho k) + \frac{\partial}{\partial x_i}(\rho k u_i) = \frac{\partial}{\partial x_j}\left(\alpha_k \mu_{\mathrm{eff}} \frac{\partial k}{\partial x_j} \right) + G_\mathrm{k} + G_\mathrm{b} - \rho\varepsilon - Y_\mathrm{M} + S_\mathrm{k} \tag{4-8}$$

$$\frac{\partial}{\partial t}(\rho\varepsilon) + \frac{\partial}{\partial x_i}(\rho\varepsilon u_i) = \frac{\partial}{\partial x_j}\left(\alpha_\varepsilon \mu_{\mathrm{eff}} \frac{\partial \varepsilon}{\partial x_j} \right) + C_{1\varepsilon} \frac{\varepsilon}{k}\left(G_\mathrm{k} + C_{2\varepsilon}\rho \frac{\varepsilon^2}{k} - R_\varepsilon + S_\varepsilon \right) \tag{4-9}$$

式中，k 和 ε 分别为湍动能和湍流耗散率；G_k 和 G_b 分别为速度梯度和浮力引起的湍动能项；Y_M 为脉动扩张项；α_k 和 α_ε 为旋流强度常数；R_ε 为 ε 的旋流附加项；S_k 和 S_ε 为可自定义的旋流源项，以适应流线曲率变化迅速的脉动旋流流动计算，可精确地计算熔池涡旋效应与炉壁间的相互作用。

2）研发了熔池熔炼炉富氧旋流混沌搅拌强化供热系列技术

（1）富氧浸没式顶吹熔池熔炼旋流混沌搅拌强化供热技术。

针对剧烈搅拌熔池造成高温熔体喷溅冲刷影响炉体及喷枪寿命、渣中金属含量高等搅拌不均匀的技术难题，根据冶金炉窑最低燃耗强化供热理论模型，对富氧旋流顶吹喷吹混沌搅拌过程的影响机制进行了研究。利用数学模型计算出了不同熔炼阶段喷枪随熔池液面起伏变化的最优工艺风量、喷枪旋流器的最佳尺寸、安装形式及旋流角度等炉膛内热质传递多场协同耦合的运行控制参数。在此参数下运行，确保良好冶金反

应动力学条件的同时，尽可能地减缓了高温辐射、熔体冲刷对炉体及喷枪寿命的负面影响，应用于顶吹炉中喷枪位置的精准控制，保证了喷枪插入深度始终处于最佳搅拌位置。

如图 4-41 所示，根据数学模型的指导，对喷枪及其旋流器进行研发，成功研发了新型旋流器及旋流喷枪，构建了防止喷溅的旋流混沌搅拌强化供热技术，搅动面积扩大 20%，富氧利用率提高了 6.9 个百分点，解决了搅拌强度不足、搅拌不均匀导致炉内精矿中硫份与氧气放热反应不充分的技术难题，实现了以最小湍流动能达到充分搅拌熔池、减小喷溅，氧-硫放热反应彻底，能耗降低，喷枪平均使用寿命提高了 120%。

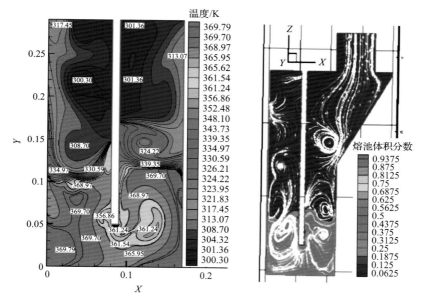

(a) 浸没式顶吹搅拌流型及新炉型

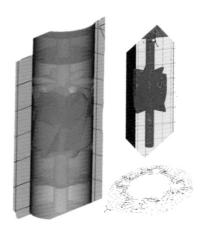

(b) 新型旋流喷枪设计及其旋流动量扩散迹线图

图 4-41　富氧顶吹熔池熔炼旋流混沌搅拌机理

（2）炉膛底部富氧旋流脉动振荡混沌搅拌强化供热技术。

针对铅锌含量高、品位低的复杂铜矿采用火法熔炼铅锌杂质脱除难、环境污染大的难题，根据数学模型，对炉膛底部富氧旋流喷吹混沌搅拌熔池的强化机制进行了研究，解释了底部供热的气-锍-渣三相熔池流型演化过程和底部射流在两侧循环涡旋的不稳定相互作用下，形成左右振荡摇摆型的周期性气泡羽流，带动熔池内各反应物颗粒与氧气充分接触，加速氧-硫放热反应形成自热熔炼的机理。如图 4-42 所示。

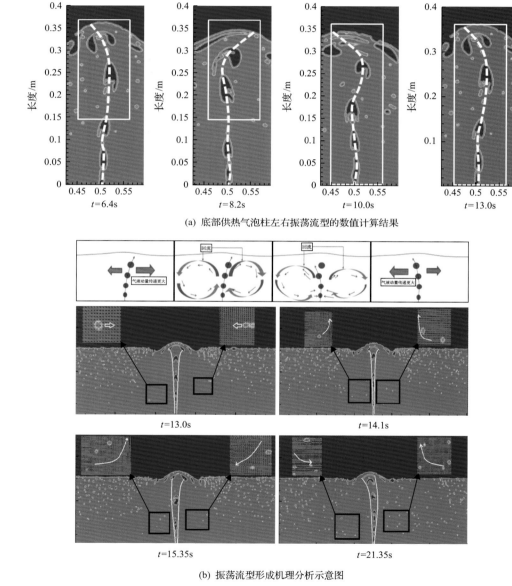

(a) 底部供热气泡柱左右振荡流型的数值计算结果

(b) 振荡流型形成机理分析示意图

图 4-42 炉膛底部富氧旋流脉动振荡混沌搅拌机理

图 4-43 为炉膛底部富氧旋流供热的气-锍-渣三相的复杂流型演化过程。

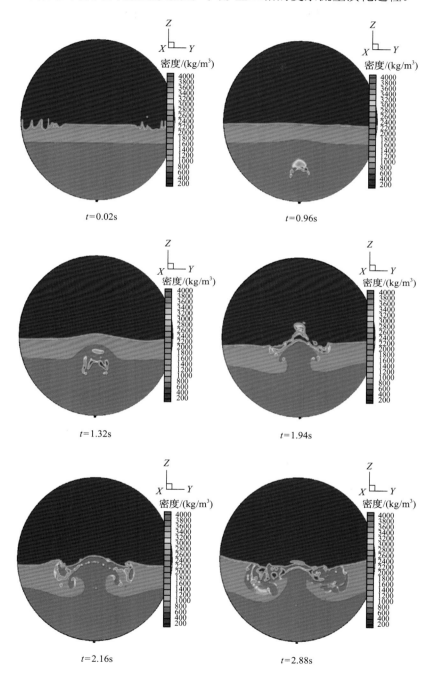

(a) 底部富氧气泡初始鼓入熔池的三相流型

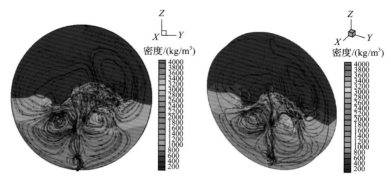

(b) 正视及侧视流线图

图 4-43 炉膛底部富氧旋流供热的气-锍-渣三相的复杂流型演化过程

成功研发了多孔道气泡羽流脉动振荡喷枪及炉膛底部富氧喷吹系统，氧枪寿命达 5000h，氧气与铜矿中的硫反应充分，达到了自热熔炼，促进了铅、锌的高效挥发进入烟道捕集回收系统，吨铜能耗下降了约 48%。

（3）富氧侧吹射流泉涌混沌搅拌强化供热技术。

针对侧吹熔池熔炼炉因炉宽方向搅拌受限致使单炉处理能力较小的技术瓶颈问题，建立了三维射流混沌搅拌侧吹数学模型，解释了不同富氧喷吹流速、不同风口布置位置对炉内熔体运动形态、界面波动频率及涡流形态的影响规律，侧吹射流的张角、轨迹和两相区结构构成了侧部强化供热流型演变的基本特征规律，获得了双侧吹强化熔炼和炉窑大型化的机理如图 4-44 所示。

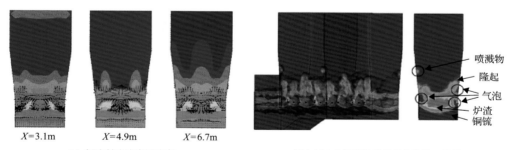

| $X=3.1\text{m}$ | $X=4.9\text{m}$ | $X=6.7\text{m}$ |

(a) 侧吹射流速度场分布　　　　　(b) 侧吹射流泉涌混沌搅拌强化供热三维模拟

图 4-44 富氧侧吹射流泉涌搅拌混沌搅拌强化供热机理

成功研发了跨音速喷枪及富氧喷吹系统，攻克了炉宽增大后炉膛中部难以搅拌和侧吹炉难以大型化的技术难题，如图 4-44 所示。炉体宽度扩大到了 2.5m，单炉年生产能力提高至 20 万 t 粗铜，提高了 53.8%，吨铜综合能耗下降了 25.8%；渣含铜下降了 48.9%。

（4）全氧超音速旋转射流顶吹混沌搅拌强化供热技术。

针对高钙镁低品位复杂铜矿熔池熔炼过程中炉渣黏度大，难以充分搅动熔池的难题，建立了氧气射流的无因次速度分布规律计算公式：

$$\frac{u}{u_{\mathrm{m}}} = \left[\left(1 - \frac{\gamma}{\gamma_b}\right)^{1.4864}\right]^{1.9075} \tag{4-10}$$

式中，u 为同截面上某点的速度；u_m 为射流轴线速度；γ 为具有速度 u 点的径向位置；γ_b 为射流边界层宽度。

由式 (4-10) 得出了全氧顶吹氧气射流可形成熔池熔体凹陷且最大速度 45m/s 出现在凹陷边界处，温度最高区域值为 1800～2000℃，回旋区温度在 1620℃ 左右的可工程化应用的研究结果。根据最低燃耗强化供热理论模型，对全氧顶吹旋转射流混沌搅拌的影响机制进行了研究，发明了马赫数为 2 的超音速全氧顶吹旋转射流喷枪，使氧气射流中心流动迹线集中并达到超音速充分搅动熔池，而射流边界层受到强化旋转形成向四周扩散的旋流射流，既防止喷溅又促进充分燃烧，实现自热熔炼。应用该技术构建了年产 10 万 t 粗铜的自热炼铜，实际产能达 13 万 t，比设计值提高了 116.7%，炉体寿命由设计值 12 个月延长至 72 个月，吨铜能耗降低了 57.7%。

(5) 熔池熔炼炉富氧旋流混沌搅拌效果测控技术[171, 172]。

创新性地将计算同调群理论、混沌理论以及统计学理论应用到熔池强化搅拌混合均匀性测控技术的研发中，提出了冶金炉窑多相混合体系测度模型，其核心公式为

$$\Phi(Q,l) = \frac{\overline{\beta}_1(Q,l)}{\overline{\beta}_0(Q,l)} TQA \qquad (4-11)$$

式中，$\overline{\beta}_0$ 为 0 维贝蒂数的平均值；$\overline{\beta}_1$ 为 1 维贝蒂数的平均值；Q 为气体流量大小；T 为在流量 Q 和 l 浸入长度时的最短混合时间；A 为 0 维贝蒂数偏离其平均值的幅度。

提出了基于混沌数学和拓扑学计算气-固-液多相体系混合效果的方法，发明了在保证所需热负荷的情况下周期性调节富氧供给量的混沌搅拌变频喷吹调控方法，建立了测度熔池混沌搅拌气-固-液混合质量数学模型，自主开发了根据熔池搅拌效果测度值采用变频喷吹控制方法在线调节熔炼炉喷枪操作和富氧气体供给状态参数的熔池熔炼炉旋流混沌搅拌强化供热调控系统。

2. 有色金属冶炼过程中低温烟气余热资源高效利用

根据有色金属冶炼烟气余热资源的特性，基于低沸点及多元混合工质的有机朗肯循环原理、直接接触式强化换热机理及强化技术、计算同调群理论、单目标及多目标优化理论，构建了有色冶金行业中低温烟气余热资源高效回收利用的基础理论体系及优化设计方法[167, 173-183]。

(1) 研究了纯工质和多元混合工质物性对动力循环效率的影响规律，建立了纯工质和多元混合工质介于泡、露点之间气液两相区相平衡计算数学模型，首次提出了以具有约束条件的最优化算法求解该模型的方法。

(2) 完善了中低温余热发电有机朗肯循环系统的模拟模型，推导出了决定系统性能的由热工及结构参数构成的 21 个独立变量，剖析了独立变量各参数对系统净输出功率、㶲效率、总换热面积及余热锅炉体积等主要性能指标的影响规律。

(3) 研究了直接接触式蒸气发生器传热性能及其优化方法，提出了采用直接接触换热进行有机朗肯循环系统中气-液相变传热过程强化的技术新措施，并对直接接触换热的机理进行了深入研究，完善了单泡滴生长及液滴群传热的物理模型 (图 4-45)，首次获得了

直接接触换热过程中表征液滴群行为演化行为新指标(β_t)与换热性能(平均容积换热系数 $\overline{h_V}$)之间的耦合关系模型(图 4-46)。

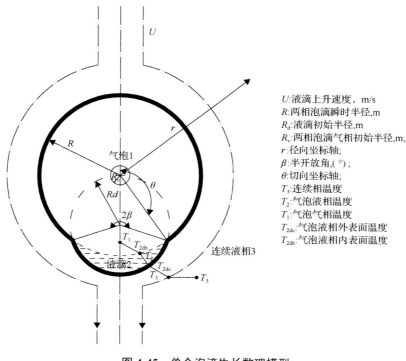

U:液滴上升速度，m/s
R:两相泡滴瞬时半径,m
R_d:液滴初始半径,m
R_c:两相泡滴气相初始半径,m;
r:径向坐标轴;
β:半开放角,(°);
θ:切向坐标轴;
T_3:连续相温度
T_2:气泡液相温度
T_1:气泡气相温度
T_{2dc}:气泡液相外表面温度
T_{2db}:气泡液相内表面温度

图 4-45　单个泡滴生长数理模型

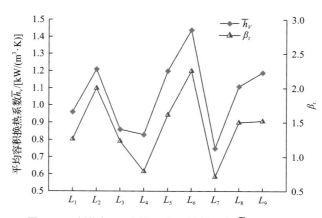

图 4-46　新指标 β_t 和平均容积换热系数 $\overline{h_V}$ 耦合关系

(4)提出了基于图像信息熵理论的目标分割阈值选择准则,并获得高热通量下清晰可辨识的气泡流型。构建了基于 Ripley's K 的局部区域气泡聚类程度指标 $K(r)$,其数值越大,聚类越严重。如图 4-47 所示,提出了气/液两相流型协同调控-强化热质传递的新思路,建立了气液两相流型贝蒂数相似度模型,发现其与换热效率具有显著正相关性。基于星偏差、中心偏差和环绕偏差理论,构建了气泡群时空流型均匀性精确表征方法体系。

为了提高混匀时间估算的精确性，提出 3Sigma 方法精确估算准则，其误差减小 50%以上。另外，如图 4-48 所示，针对不规则区域多相分布均匀性测度的难题，创新性地提出了考虑任意区域点集质量分布的一阶矩多相分布均匀性测度模型[式(4-12)]，定义了表征多相分布均匀性量化指标——倾斜角，建立倾斜角与换热效率的耦合关系数学模型，进一步验证了先前提出的一般性模型的有效性。

$$\mu_n = \int r^n f(r)\mathrm{d}r = \sum_{i=1}^{N} r_i^n Q_i \tag{4-12}$$

式中，$f(r)$ 表示分布密度；μ_n 为力矩；r 为力臂；n 代表第几阶；N 为点的个数；r_i 为第 i 个点的力臂；Q_i 为第 i 个点处的力。

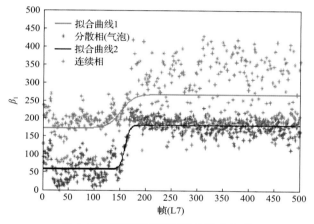

图 4-47　气液两相流型同步演化规律

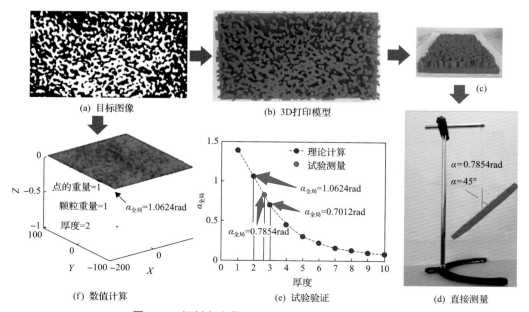

图 4-48　倾斜角度量均匀性的直接计算与实验验证

（5）基于数学规划理论及遗传算法，系统构建了中低温余热发电有机朗肯循环优化设计方法，提出了评价中低温余热发电有机朗肯循环系统技术经济性的"单位成本净利润"及"余热锅炉单位容积输出功率"两个新指标。

（6）自行设计并构建了超临界/亚临界状态下低沸点工质管内流动传热特性测试平台（图 4-49）和 ORC 直接接触式换热实验平台（图 4-50）。为了强化有机工质在壳程的池沸腾传热，开发了三维肋片强化传热管，肋管外表呈龙鳞形状，经实验测试，在相同热流密度下，三维肋片强化传热管与光管外的池沸腾相比，强化倍率为光管的 3 倍左右。在上述研究的基础上，成功研制出用于模拟有色冶金低温余热高效发电的 1kW 和 10kW 两台有机朗肯循环发电试验平台（图 4-51、图 4-52）。根据样机测试数据，在蒸发温度为 110℃，冷凝温度为 35℃的条件下，有机工质进入透平的蒸气压力为 0.98MPa，样机焓效率为 52.1%；在相同蒸发温度下，采用水作工质时，水蒸气进透平的压力仅为 0.143MPa，达不到透平冲转参数的要求，系统无法输出轴功，若要达到与有机工质同样的压力，水蒸气的蒸发温度需达到 180℃以上[184-186]。

图 4-49　有机工质传热特性测试平台图

图 4-50　ORC 直接接触式换热实验平台

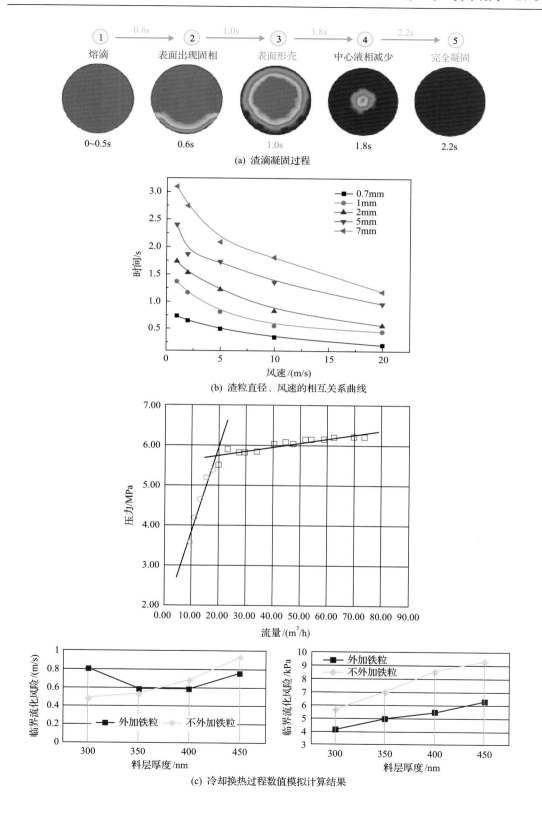

(a) 渣滴凝固过程

(b) 渣粒直径、风速的相互关系曲线

(c) 冷却换热过程数值模拟计算结果

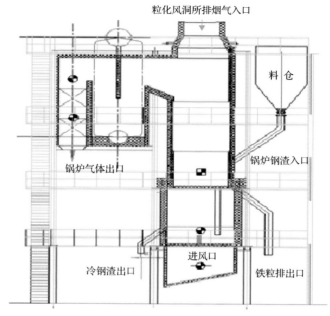

(d) 双载热体-双层流化床余热锅炉

图 4-58 渣滴凝固、冷却换热过程数值模拟计算与双载热体-双层流化床余热锅炉设计

3. 基于冷却速率对钢渣矿相组成影响规律研究，开发了气淬钢渣活性组分控制技术，提高了气淬钢渣制备水泥的适用性

基于液态钢渣矿相生成热力学及动力学，采用粉煤灰、铁尾矿等废弃物对液态钢渣进行改性，获得高活性组分的气淬钢渣，主要活性组分 C_2S 为 25%～35%，f-CaO 平均含量 2.82%，达到制备钢渣水泥的要求 (图 4-59)[197, 198]。通过粒化钢渣微观形貌及典型矿相和可磨性研究，确定了"弱磁机选别-细筛分离铁屑"的粒化钢渣磁选提铁工艺，使单质铁提取率达到 96% 以上，铁的总回收率＞85%。

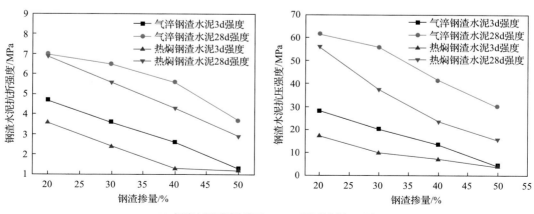

(a) 钢渣水泥不同掺量下3d、28d龄期抗折抗压强度

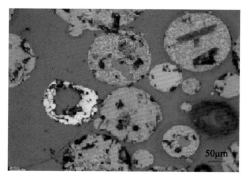

(b) 气淬钢渣微观结构照片

图 4-59　不同钢渣水泥强度对比及气淬钢渣微观结构照片

4. 基于调质剂调质特性与高炉渣矿相控制机理，建立了高炉渣调质理论体系

参照 SiO_2-Al_2O_3-CaO 三元系统中冶金矿渣、火成岩相图及制备矿渣棉原料应满足的要求，本着"以废利废"的原则，结合高炉渣及铁尾矿、粉煤灰等调质剂的化学成分、矿物组成、微观结构及黏度行为分析，确定了以铁尾矿、粉煤灰等为调质剂实现高炉熔渣在线调质直接纤维化是可行性的。

在利用 FactSage 热力学软件，模拟调质过程中高炉熔渣体系析晶行为的基础上，结合调质热态实验，研究了铁尾矿、粉煤灰配比对矿渣棉原料成分设计指标(酸度系数 M_k、pH、黏度系数 M_η 和氢离子指数 K/O)、熔渣析晶行为、黏度行为、流动性、矿物组成及显微结构的影响规律[199-206]。随着铁尾矿、粉煤灰配比的增加，调质熔渣的 M_k、M_η 和 K/O 值升高，氢离子指数 pH 逐渐降低。熔渣适宜的成纤温度区间逐渐加宽，熔化性温度呈现先降低后升高的趋势。当 M_k 大于 1.4 时，熔渣的熔化性温度约为 1300℃，且熔渣也变得黏稠，适宜的流动性温度最高达 1450℃，非常不利于高炉、矿渣棉生产的稳定。以铁尾矿为调质剂的熔渣体系的矿物组成位于镁黄长石与钙长石的低共熔线附近或位于镁黄长石、假硅灰石与钙长石低共熔点附近，析晶倾向最小；以粉煤灰为调质剂的熔渣体系的组成位于钙长石、镁黄长石及尖晶石低共熔点，铝黄长石、镁黄长石及尖晶石低共熔点或镁黄长石与钙长石的低共熔线附近的狭长区域，析晶倾向最小。随着铁尾矿、粉煤灰配比的增加，熔渣冷却过程中析晶能力降低，凝固后玻璃相增多，矿物析出量减少；M_k 高于 1.2 时，调质熔渣中未析出矿物，均为均匀的玻璃相。基于以上研究结果发现相较于粉煤灰，铁尾矿作为调质剂更具优势，同时液态高炉渣在线调质 M_k 应控制在 1.2～1.4。

为了进一步阐明高炉渣矿相控制机理，系统研究了冷却方式、重熔温度、保温时间、碱度 R、Al_2O_3 与 MgO 含量等对高炉熔渣析晶行为及矿相重构的影响规律[201, 202]。发现炉冷时，高炉渣中未出现玻璃相，矿物组成以锌黄长石、铝黄长石、镁黄长石为主，含有少量的铁橄榄石；空冷时，高炉渣矿物中含有 15%～18%的玻璃相、析出 80%～85%的矿物，矿物以锌黄长石、铝黄长石、镁黄长石、铝镁黄长石和少量的铁橄榄石为主；

水冷时，高炉渣中的玻璃相主要以弥散方式分布在机体组织中，含量较空冷时提高 5% 左右，矿物以锌黄长石、铝黄长石、镁黄长石和少量的铁橄榄石为主。此外，随着重熔温度升高，高炉渣的析晶量、析出矿物类型大体相同，玻璃相含量略有增加的趋势；随着熔渣保温时间的增加，炉渣中玻璃相含量增加，黄长石含量减少，黄长石种类发生转变，晶体(黄长石类)析出量明显降低。当碱度为 1.1～0.8 时，随着碱度的降低，熔渣的开始析晶温度降低，析晶量减少，玻璃相含量逐渐增加，黄长石类矿物的粒度有变粗的趋势，碱度为 1.1 时，熔渣的析晶量最大，即析晶速度较快，调质过程中应注意避开。当 Al_2O_3 含量为 14.0%～17.5% 时，随着 Al_2O_3 含量的增加，熔渣的开始析晶温度略有升高，但析晶量略有降低，黄长石类矿物的粒度有变细的趋势。当 MgO 含量为 9.0%～11.0% 时，随着 MgO 含量的增加，熔渣的析晶温度、析晶量变化不大。为了对高炉渣调质过程 Al_2O_3、MgO 含量进行定量分析，进一步研究了 MgO/Al_2O_3 比对高炉熔渣析晶行为及矿相重构的影响规律。研究发现，随着 MgO/Al_2O_3 比的增大，调质高炉渣析晶活化能与析晶反应难度均呈现先增大后减小的趋势。当 MgO/Al_2O_3 比为 0.6 时，析晶反应发生的难度最大，此时体系最稳定，因此高炉渣在线调质时，MgO/Al_2O_3 比应控制在 0.6，以尽可能降低体系析晶对成纤过程与纤维性能的影响。

5. 基于调质剂熔化行为数值模拟及其熔化机制，结合熔渣体系温度、炉渣流动性温度建立了调质熔渣在线热量补偿体系

液态高炉渣在线调质过程中调质剂与熔渣接触，不断吸热，当温度达到熔化温度时开始熔化，在此过程中发生复杂的化学反应，并伴随着熔渣体系热质传输。调质过程中调质剂的熔化时间、熔化传热行为及热量的传递规律等，不仅决定着高炉熔渣调质成纤的能耗及生产率，而且决定着纤维质量的稳定性。

针对调质剂颗粒在高炉熔渣浸没过程中的熔化进行研究，分析了调质剂颗粒的熔化时间与熔化过程中的传热方式、颗粒半径、浸没深度的内在联系，基于热量守恒原理，结合传导传热和辐射传热对不同粒径调质剂在高炉熔渣中的熔化传热的作用，确定了熔化时间 t 与浸没深度 h、调质剂半径 R 等参数的关系，构建了调质剂颗粒熔化时间 t 的数学模型[203]，如式 (4-13) 所示。

$$\begin{cases} t = \dfrac{c\rho\Delta T_2 r^3}{3\lambda\Delta T_1(R-h)} & , \quad h \leqslant 0 \\ t = \dfrac{4c\rho\Delta T_2 r^3}{3\varepsilon\sigma(T_1^4 - T_2^4)h^2 + 6\lambda\Delta T_1(r-h)}, & h > 0 \end{cases} \tag{4-13}$$

式中，c 为调质剂比热容，J/(kg·℃)；ρ 为调质剂密度，kg·m；T_1 为熔渣温度，K；T_2 为调质剂温度，K；ΔT 为被测材料的上下表面温度差，K；λ 为热导率，W/(m·K)；σ 为辐射常数，W/(m²·K⁴)；ε 为调质剂黑度。

调质剂颗粒熔化时间 t 的数学模型表明，当调质剂颗粒的半径 r 小于 4mm 时，传导传热在传热过程中占主导作用；随着半径的增大，辐射传热的作用不断增强；半径

增大到 4mm 左右时，辐射传热起主导作用；熔化时间 t 与调质剂半径的三次方近似正相关。基于以上模型的分析，明确了不同粒径调质剂添加方式，当调质剂颗粒的半径 r 小于临界值时，调质剂的加入方式优先选择与熔渣直接接触的方式；当 r 高于临界值时，优先选择上部加入的方式，无论哪种加热方式，尽量选择粒径小的调质剂，缩短熔化时间。此外，为了验证模型的准确性，对铁尾矿熔速测定值与理论模型计算值进行了对比，两者的相对误差为 6.67%，验证了调质剂颗粒熔化时间 t 的数学模型的合理性。

为了进一步探索高炉熔渣和调质剂之间的热量传递和变化规律，以及对熔渣体系温度及补热量的影响规律，利用热力学软件 FactSage6.4 模拟计算了不同铁尾矿及粉煤灰配比条件下熔渣体系热力学参数变化规律，结合调质熔渣流动性变化规律、熔渣体系温度变化规律与调质剂配比间的内在联系，绘制了铁尾矿配比与熔渣体系温度、炉渣流动性温度的协同调控图[203]，如图 4-60、图 4-61 所示，通过协同调控图的解析，可以明确需要补热的调质剂添加范围，同时可直观读取不同调质剂添加量条件下具体补热量。

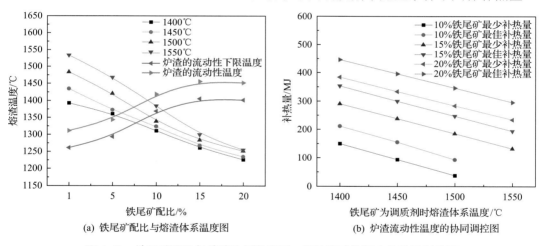

(a) 铁尾矿配比与熔渣体系温度图　　　　(b) 炉渣流动性温度的协同调控图

图 4-60　铁尾矿配比与熔渣体系温度图、炉渣流动性温度的协同调控图

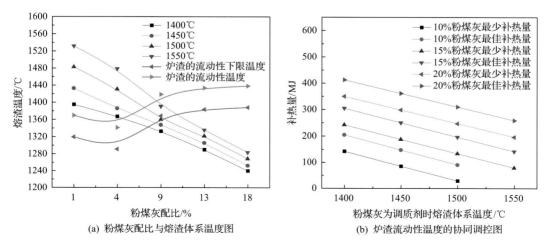

(a) 粉煤灰配比与熔渣体系温度图　　　　(b) 炉渣流动性温度的协同调控图

图 4-61　粉煤灰配比与熔渣体系温度图、炉渣流动性温度的协同调控图

6. 基于离心辊面熔渣边界层厚度分布数学模型及波动模型，解析了熔渣成纤物理过程

通过离心辊面高炉熔渣流动动力学分析，以边界层理论作为基础，研究了离心甩丝法中熔渣在辊面上的流动机理，分析了熔渣边界层薄膜的形成过程，构建了边界层薄膜局部相似求解模型，建立了边界层厚度分布数学模型[式(4-14)]，其中 x 为随离心辊上进流距离的变化，n 为离心辊转速，r/min。

$$S_n = \frac{2.4R\sin\frac{x}{n}\left(1-\left(\sin\frac{x}{n}\right)^n\right)}{\left(1-\sin\frac{x}{n}\right)\sqrt{Re_x}} \tag{4-14}$$

明确了边界层厚度分布 S_n 与雷诺数 Re_x、离心辊径 R 的关系，即边界层厚度与当地雷诺数 Re_x 的平方根成反比，与离心辊径 R 成正比。进一步建立了熔渣在辊面流动形成凸起的波动模型[式(4-15)]，C 为常数。

$$\delta = \sqrt{\frac{\lambda\arctan\left(\dfrac{C\sigma\lambda^3}{32\pi^3 f_0^2 R(R\rho f_0^2\lambda^2-\sigma)}\right)}{2\pi}} \tag{4-15}$$

根据模型明确了影响边界层厚度的因素，得到了凸起间的距离即波长 λ、熔渣表面张力 σ、熔渣密度 ρ、辊速 f_0、辊径 R 与熔渣厚度 δ 的关系，发现熔渣在离心辊面边界层的厚度主要取决于波长 λ。通过离心成纤过程动力学分析发现，边界层薄膜凸起是由于熔渣边界层薄膜上的不稳定因素导致该层薄膜形成波动，且成纤方式主要有渐开线甩出和边界层分离，如图 4-62 所示。

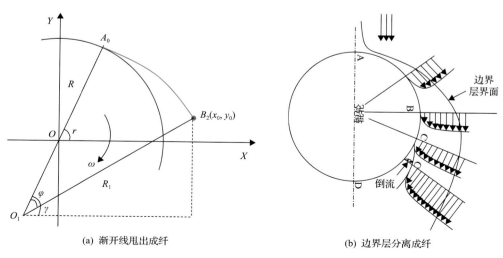

(a) 渐开线甩出成纤　　　　　　　(b) 边界层分离成纤

图 4-62　成纤方式示意图

　　基于熔渣边界层厚度分布数学模型及波动模型，结合离心成纤实验，确定了高炉熔渣离心成纤过程分为如图 4-63 所示的 5 个阶段：①高炉熔渣在离心辊表面成膜；②液膜表面发生扰动形成不稳定脉冲波；③扰动加剧形成熔体细丝；④熔体细丝长大并从液膜表面脱离；⑤熔体细丝固化形成纤维，实现了调质高炉熔渣离心成纤过程的可视化[204-206]。

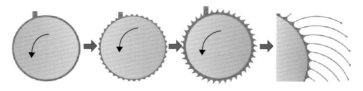

图 4-63　离心成纤机理示意图

4.7.5　具体工业应用案例

1. 钢渣气淬处理与余热回收工业应用

　　钢渣气淬处理与余热回收技术率先应用于河钢集团唐钢，建成钢渣气淬处理示范工程，通过耐高温气淬粒化室及喷嘴参数匹配性设计，实现了气淬钢渣粒度控制；分段鼓风式耐高温篦冷输送机设计，保证了高温渣粒输送的连续性和稳定性；"双载热体-双层流化床余热锅炉"将液渣冷却氮气和高温固态渣粒余热回收系统相融合，实现了余热高效回收；各主体设备间合理连接并充分密封，保证了氮气循环利用和系统的安全性。在国际上首次设计并建成了 30 万 t 钢渣气淬处理示范工程(图 4-64)，实现了吨渣蒸气回收量 110kg、气淬钢渣粒径小于 3mm 含量 96%～98%、单质铁提取率 96%。

　　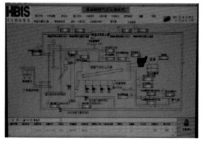

(a) 自动控制倒渣　　　　　　　(b) 流化床余热锅炉　　　　　　　(c) 主系统控制界面

图 4-64　钢渣气淬处理示范工程

　　液态钢渣氮气气淬处理可实现热量回收、减少水资源消耗、提高钢渣资源化利用率，具有显著的社会和环保效益。此外，本项目技术原理与关键技术可进一步应用于钢铁生产过程其他余热回收和高炉渣处理，从而实现钢铁企业间歇、分散等低品质余热回收和冶金渣综合利用，市场应用前景广阔。

2. 高炉熔渣调质成纤及纤维保温板生产工业应用

2015 年以河钢集团唐钢公司为示范基地，采用自主设计建设了高炉熔渣调质成纤及纤维保温板生产示范工程(图 4-65)，设计产能 2 万 t/a，主要产品为纤维保温板。经过测试，纤维板制品的导热系数 0.043W/(m·K)，有机物含量 2.9%，热荷重收缩温度 710℃，达到或超过了相关国家标准。在大量实验研究的基础上制定出《高炉渣纤维及其制品》企业标准 1 部。

图 4-65　高炉熔渣调质成纤及纤维保温板生产示范工程

高炉熔渣调质及直接成纤的技术难题得到攻关，开发了液态高炉渣调质剂添加、调质高炉渣流动性控制、调质高炉渣直接成纤等多项关键技术，实现了良好的经济效益和社会效益，对钢铁工业节能减排具有示范推动作用。

两个示范工程的成功实施，将带动唐山钢铁集团有限责任公司乃至河北省各大钢铁企业在钢渣处理工艺的技术创新与革命，如果在全国钢铁企业辐射和推广，必将对我国钢铁企业的低碳经济做出重要贡献，取得良好的经济效益、环境效益和社会效益，产业化应用前景十分广阔。

4.7.6　未来发展方向

"十三五"期间我国将继续加快处理钢铁工业大宗固体废弃物的发展步伐，《"十三五"节能减排综合工作方案》中明确了节能减排工作的主要目标和重点任务，并要求钢铁行业把"绿色发展、循环发展、低碳发展、两化融合"作为实施途径，大力发展循环经济，拓宽钢铁生产流程中固体废弃物协同处置渠道。由此，要全面实现我国钢铁工业绿色发展，仍面临挑战，固体废弃物再利用和余热利用是需要重点解决的课题。综合利用高炉渣、钢渣、含铁尘泥、除尘灰，对钢铁固体废物实现资源节约与高效的循环处置利用，才能有效保护生态环境，减少污染排放，不断推动着整个行业绿色、健康、可持续发展。

钢铁工业废渣资源化利用技术应朝着高值化、规模化、差异化、生态环保等方面发展，由于废渣的产生始终伴随着能量的利用与回收、转换、排弃等问题，优先进行钢铁渣的热态循环利用，同时可以考虑多学科交叉协同发展。基于此，今后重点解决的问题涉及以下领域。

(1)近年来，我国钢铁渣余热回收利用与尾渣再利用虽发展迅速，但普遍用于建材行业，附加值低，直接制约着我国钢铁企业废渣余热利用的低成本运行，因此在废渣余热高效利用的基础上，针对废渣特性，制定切实有效的利用途径，积极开展废渣深加工处理，最大限度地提高废渣综合利用率，开发工程材料、环保材料等高值化材料，是未来钢铁行业废渣利用的新趋势。

(2)液态钢铁渣利用是一个极其复杂的过程，涉及高温阶段的传质传热、冷却过程的熔渣结构重组、产品制备过程的工艺控制等，现阶段的研究成果主要集中在实验室试验及数学模型的建立方面，如何实现过程大数据的收集及过程可视化将是钢铁渣高效利用未来研究的重点。

(3)现阶段钢铁渣余热利用技术的应用基本是在现有钢铁厂结构布局的基础上进行再改造，由于原有钢铁厂布局紧凑，可改造空间有限，直接制约了钢铁渣余热利用设备车间的布局，增加了运行成本。钢铁企业余热利用技术的推广重点在于技术设备的简洁化、低成本化设计与改造，加强跨专业间合作，实现设备及车间的升级改造是必由之路。

(4)目前，钢铁企业废渣及余热利用一般是单方向、单领域独立开发与利用，产品利用运输成本高，产品研发单一，如何实现多领域典型固废协同利用并实现系统内生态链接，研究多领域废渣在线协同循环利用及不同领域废渣跨行业协同利用，是钢铁企业废渣利用的未来发展方向。

(5)钢铁企业废渣及其余热利用基础及技术研究主要着力于其一次产品的研发及一次显热的高效利用，衍生二次污染物的形成及二次潜热的再利用的研究欠缺。

因此，致力于钢铁行业绿色、健康、可持续发展，钢铁企业废渣及其余热高效利用的安全性及后续二次热源及二次污染物的产生与循环再利用，同时构建经济与环境效益突出生态链是未来钢铁企业废渣利用需面临的关键问题。

4.7.7　本研究受到国家自然科学基金项目资助情况和获奖情况

1. 获得国家自然科学基金项目资助情

(1)矿相重构液态高炉渣直接纤维化及其粘结成型机理研究(51274270)
(2)高炉渣直接纤维化过程的析晶行为及影响机制(51474090)

2. 获得专利

1)中国发明专利

(1)转炉双蓄热器叠能稳压蓄热及蒸汽过热系统(CN105201571A)
(2)一种利用高炉熔渣直接喷吹制备无机纤维的方法(CN103803793A)
(3)一种矿渣棉生产中高炉熔渣的在线调质方法(CN107056040A)

(4)一种矿渣棉纤维负载二氧化钛复合物光催化剂的制备方法(CN105251540A)

(5)一种改性矿渣棉增强水泥混凝土路面的制备方法(CN106904919A)

(6)一种利用悬浮粉煤灰改性矿渣棉的方法(CN106946484A)

(7)一种矿渣棉生产中高炉熔渣流动性的改善方法(CN106746583A)

(8)一种判定调质高炉渣均质化时间的方法(CN108387484A)

2)实用新型专利

一种冶金渣余热回收装置(CN207862373U)

3. 获得奖项

(1)2017 年度河北省科学技术进步奖二等奖：钢铁企业废渣/余热利用技术研发及应用示范

(2)2013 年度国家科学技术进步奖二等奖：钢铁企业低压余热蒸汽发电和钢渣改性气淬处理技术及示范

(本节撰稿人：张玉柱，邢宏伟，胡长庆，龙跃。本节统稿人：张玉柱，邢宏伟，胡长庆，龙跃)

参 考 文 献

[1] 甘敏, 范晓慧. 钢铁烧结烟气多污染物过程控制原理与新技术. 北京: 科学出版社, 2019.

[2] Fan X, Yu Z, Gan M, et al. Flue gas recirculation in iron ore sintering process. Ironmaking & Steelmaking, 2016, 43(6): 403-410.

[3] 范晓慧, 甘敏, 陈许玲, 等. 铁矿烧结节能减排现状及其研究进展//中国金属学会. 第十五届全国炼铁原料学术会议论文集. 合肥: 中国金属学会, 2017.

[4] 余志元. 高比例烟气循环铁矿烧结的基础研究. 长沙: 中南大学, 2016.

[5] 甘敏. 生物质能铁矿烧结的基础研究. 长沙: 中南大学, 2012.

[6] Fan X, Yu Z, Gan M, et al. Influence of O_2 content in circulating flue gas on iron ore sintering. Journal of Iron and Steel Research International, 2013, 20(6): 1-6.

[7] Fan X, Yu Z, Gan M, et al. Combustion behavior and influence mechanism of CO on iron ore sintering with flue gas recirculation. Journal of Central South University, 2014, 21(6): 2391-2396.

[8] 范晓慧, 余志元, 甘敏, 等. 循环烟气性质影响铁矿烧结的规律研究//中国金属学会. 2013 年全国烧结烟气综合治理技术研讨会论文集. 大同: 中国金属学会, 2013.

[9] 黄云松. 铁矿烟气循环烧结过程的成矿行为研究. 长沙: 中南大学, 2015.

[10] 陈强. 循环烟气在铁矿烧结料层各带的行为研究. 长沙: 中南大学, 2014.

[11] Fan X, Yu Z, Gan M, et al. Elimination behaviors of NO_x in the sintering process with flue gas recirculation. ISIJ International, 2015, 55(10): 2074-2081.

[12] Fan X, Yu Z, Gan M, et al. Mineralisation behaviour of iron ore fines in sintering bed with flue gas recirculation. Ironmaking & Steelmaking, 2016, 43(9): 712-719.

[13] Yu Z, Fan X, Gan M, et al. Reaction behavior of SO_2 in the sintering process with flue gas recirculation. Journal of the Air & Waste Management Association, 2016, 66(7): 687-697.

[14] 范晓慧, 余志元, 甘敏, 等. 烟气循环烧结的应用现状与研究进展//烧结球团信息网. 2014 年度全国烧结球团技术交流年会论文集. 厦门: 烧结球团信息网, 2014.

[15] Yu Z, Fan X, Gan M, et al. NO_x Reduction in the iron ore sintering process with flue gas recirculation. Journal of Metals, 2017, 69(9): 1570-1574.

[16] Chen X L, Fan X H, Gan M, et al. Sintering behaviours of iron ore with flue gas circulation. Ironmaking & Steelmaking, 2018, 45(5): 434-440.

[17] Fan X, Yu Z, Gan M, et al. Appropriate technology parameters of iron ore sintering process with flue gas recirculation. ISIJ International, 2014, 54(11): 2541-2550.

[18] Gan M, Fan X, Jiang T, et al. Fundamental study on iron ore sintering new process of flue gas recirculation together with using biochar as fuel. Journal of Central South University, 2014, 21(11): 4109-4114.

[19] 甘敏, 范晓慧, 陈许玲, 等. 高比例烟气循环条件下烧结气体中 $H_2O(g)$ 的控制方法: 中国, ZL201510533920.4, 2017.

[20] 甘敏, 范晓慧, 陈许玲, 等. 铁矿烧结烟气中二氧化碳的富集回收方法: 中国, ZL201410789581.1, 2016.

[21] 甘敏, 范晓慧, 陈许玲, 等. 一种铁矿烧结烟气分段循环的方法: 中国, ZL201310443223.0, 2015.

[22] 范晓慧, 甘敏, 姜涛, 等. 利用废气余热强化高比例褐铁矿烧结的方法: 中国, ZL201310418454.6, 2015.

[23] 范晓慧, 甘敏, 姜涛, 等. 一种高硫铁矿烧结的烟气污染物减排方法: 中国, ZL201310443463.0, 2015.

[24] 范晓慧, 甘敏, 陈许玲. 烟气循环和生物质能相结合的铁矿烧结方法: 中国, ZL 201110180961.1, 2013.

[25] 甘敏, 范晓慧, 季志云, 等. 一种烧结烟气活性炭高效净化工艺: 中国, ZL2018080201813570, 2018.8.2

[26] 甘敏, 范晓慧, 季志云, 等. 一种烧结烟气活性炭并联式双塔脱硫脱硝工艺: 中国, ZL201711212095.3, 2017.

[27] 范晓慧, 甘敏, 余志元, 等. 一种铁矿烧结烟气污染物的综合处理方法: 中国, ZL201510475232.7, 2017.

[28] 范晓慧, 甘敏, 季志云, 等. 一种烧结烟气集中高效脱硫脱硝的方法: 中国, ZL201711211985.2, 2017.

[29] 贾秀凤, 喻波. 宁钢烧结烟气循环系统的节能减排效果. 烧结球团, 2015, 40(4): 51-54.

[30] 范晓慧. 铁矿烧结优化配矿原理与技术. 北京: 冶金工业出版社, 2013.

[31] 黄晓贤. 铁矿烧结优化配矿数学模型的研究. 长沙: 中南大学, 2013

[32] 孟君. 基于巴西铁矿的烧结基础性能研究. 中南大学, 2008.

[33] 袁晓丽. 烧结优化配矿综合技术系统的研究. 长沙: 中南大学, 2007.

[34] 曾垂喜. 铁矿石烧结性能预报模型的研究. 长沙: 中南大学, 2005.

[35] 李云涛. 烧结优化配矿模型的研究. 长沙: 中南大学, 2004.

[36] 刘代飞. 烧结过程工艺参数优化模型的研究. 长沙: 中南大学, 2004

[37] Gan M, Fan X H, Ji Z Y, et al. Optimising method for improving granulation effectiveness of iron ore sintering mixture. Ironmaking & Steelmaking, 2015, 42(5): 351-357.

[38] Yuan L, Fan X, Can M, et al. Structure model of granules for sintering mixtures. Journal of Iron and Steel Research International, 2014, 21(10): 905-909.

[39] 范晓慧, 甘敏, 李文琦, 等. 烧结混合料适宜制粒水分的预测. 北京科技大学学报, 2012, 34(4): 373-377.

[40] 范晓慧, 甘敏, 陈许玲, 等. 一种铁矿烧结混合料适宜制粒水分的快速检测方法: 中国, ZL 201010525686.8, 2012.

[41] 范晓慧, 姜涛, 甘敏, 等. 一种烧结铁矿石液相生成特性的检测方法: 中国, ZL200910377772.9, 2011.

[42] 范晓慧, 甘敏, 姜涛, 等. 一种烧结铁矿石液相黏结特性的检测方法: 中国, ZL201010134961.3, 2011.

[43] Gan M, Fan X, Ji Z, et al. High temperature mineralization behavior of mixtures during iron ore sintering and optimizing methods. ISIJ international, 2015, 55(4): 742-750.

[44] Gan M, Fan X, Chen X. Calcium ferrit generation during iron ore sintering-crystallization behavior and influencing factors. Advanced Topics in Crystallization, 2015: 301.

[45] 范晓慧, 甘敏, 袁礼顺, 等. 烧结铁矿石成矿性能评价方法的研究. 2010 年度全国烧结球团技术交流年会, 长沙, 2010.

[46] Gan M, Fan X, Jiang T, et al. Mineralization behavior of fluxes during iron ore sintering. 2nd International Symposium on High-Temperature Metallurgical Processing, Hoboken, 2011.

[47] Fan X, Hu L, Gan M, et al. Crystallization behavior of calcium ferrite during iron ore sintering. 2nd International Symposium on High-temperature Metallurgical Processing, Orlando, 2011.

[48] 范晓慧, 孟君, 陈许玲, 等. 铁矿烧结中铁酸钙形成的影响因素. 中南大学学报(自然科学版), 2008, 39(6): 1125-1131.

[49] 范晓慧, 李文琦, 甘敏, 等. MgO 对高碱度烧结矿强度的影响及机理. 中南大学学报: 自然科学版, 2012, 43(9): 3325-3330.

[50] 范晓慧, 曾垂喜, 姜涛, 等. 铁矿石烧结性能预报模型. 中南大学学报(自然科学版), 2005, 36(6): 949-954.

[51] 范晓慧, 陈许玲, 甘敏, 等. 铁矿烧结优化配矿技术经济系统: 中国, 2012SR092545, 2012.

[52] 范晓慧, 陈许玲, 姜涛, 等. 铁矿烧结矿化学成分控制专家系统: 中国, 2012SR064983, 2012.

[53] Fan X, Su D, Fu G, et al. Influence of Limonite Proportion on Sinter. 3rd International Symposium on High-Temperature Metallurgical Processing. Florida, 2012.

[54] 苏道. 褐铁矿烧结行为特性的研究. 长沙: 中南大学, 2012.

[55] 范晓慧, 甘敏, 陈许玲, 等. 一种生物质燃料用于强化难制粒铁矿烧结的方法: 中国, 201110250579, 2014.

[56] 王强. 钒钛磁铁精矿烧结特性及其强化技术的研究. 长沙: 中南大学, 2012.

[57] Fan X, Wang Q, Chen X, et al. Vanadium-Titanum Magnetite Concentrates. 3rd International Symposium on High-Temperature Metallurgical Processing. Florida, 2012.

[58] 范晓慧, 陈许玲, 李骞, 等. 含钛铁精矿高铁低硅烧结技术. 中南大学学报(自然科学版), 2006(3): 71-76.

[59] 范晓慧, 袁礼顺, 李骞, 等. 脉石成分对含钛铁精矿烧结矿质量的影响. 矿冶工程, 2006, 26(8): 95-97.

[60] 甘敏, 范晓慧, 陈许玲, 等. 一种强化铁矿烧结的液态粘结剂及其制备与应用方法: 中国, ZL201110431011.1, 2013.

[61] 甘敏, 范晓慧, 陈许玲, 等. 一种强化高比例铁矿烧结的方法: 中国, ZL201310417934, 2015.

[62] 蒋开喜. 加压湿法冶金. 北京: 冶金工业出版社, 2016.

[63] 杨显万, 邱定蕃. 湿法冶金. 第 2 版. 北京: 冶金工业出版社, 2011.

[64] 陈家镛. 湿法冶金手册. 北京: 冶金工业出版社, 2005.

[65] 刘三平, 王海北, 蒋开喜, 等. 中国湿法炼锌的新进展. 矿冶, 2009, 18(4): 25-27.

[66] Svens K. Direct leaching alternatives for zinc concentrates. T.T. Chen Honorary Symposium on Hydrometallurgy, Electrometallurgy and Materials Characterization 2012, Orlando, 2012.

[67] 刘汉钊. 国内外难处理金矿压力氧化现状和前景(第二部分). 国外金属矿选矿, 2006, 43(9): 4-8.

[68] 浸矿技术编委会. 浸矿技术. 北京: 原子能出版社. 1994: 28-50.

[69] 杨重愚. 氧化铝生产工艺学. 北京: 冶金工业出版社, 1993: 47-50.

[70] 林燕, Master I M, Barta L, et al. 谢里特锌氧压浸出工艺在中国高铁锌精矿中的应用. 全国第十二届铅锌冶金学术年会暨中国铅锌联盟专家委员会工作会议, 长沙, 2013.

[71] 邱定蕃. 重有色金属加压湿法冶金的发展. 有色金属冶炼部分(增刊), 1997: 9-18.

[72] Masters I, Barta L. The sherritt zinc pressure leach process: Integration applications and opportunities. Pb-Zn 2010, Vancouver, 2010.

[73] Ozberk E, Collins M J, Makwana M. Zinc pressure leaching at the Ruhr-Zink refinery. Hydrometallurgy, 1995, 39(1-3): 53-61.

[74] Collins M J, Barth T R, Helberg R G. Operation of the sherritt Zinc pressure leach process at the HBMS refinery: The first two decades. Pb-Zn 2010, Vancouver, 2010.

[75] Collins M T, McConaghy E J, Stauffer R F. Starting up the sherritt zinc pressure leach process at Hudson Bay. Journal of Metals, 1994, 46(4): 51-58.

[76] Sadykov S, Kalanchey R, McConaghy E. Commercialization of the dynatec zinc pressure leach process at kazakhmys corporation in balkhash, Kazakhstan. 34th Annual Hydrometallurgy Meeting, Banff, 2004.

[77] 左小红. 硫化锌精矿两段逆流氧压浸出原理及综合回收镓锗工艺研究. 湖南有色金属, 2009, 25(1): 26-28.

[78] Collins M J, Kalanchey R J, Masters I M. Sherritt zinc pressure leach study for China Western Mining Company: High zinc extraction at high altitude. Proceedings of the 47th annual conference of metallurgists, winnipeg, Manitoba, 2009.

[79] 蒋开喜, 王海北. 加压湿法冶金: 可持续发展的资源加工利用技术. 中国创业投资与高科技, 2002, 12: 73-75.